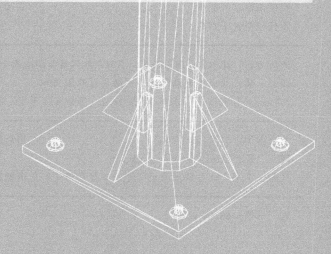

U0274526

电力设备X射线
检测技术

蔡晓斌 于 虹 刘荣海 主编

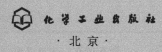
化学工业出版社
·北京·

内 容 简 介

本书系统地阐述了 X 射线产生的原理、电力设备 X 射线现场检测方法、现场安全防护等内容。具体内容包括 X 射线检测基础、X 射线检测的安全性分析、X 射线数字成像透视检测系统对电力设备典型缺陷适用性、X 射线高质量图像获取与智能化图像处理技术、人员和系统防护措施的研究，最后通过典型案例的细致分析，介绍了 X 射线数字成像检测技术在电力设备故障诊断中的应用，对读者今后工作中的故障诊断具有指导作用。

本书可供电网设备运行检修人员、带电检测人员、科研人员工作使用，也可供高校相关专业师生学习参考。

图书在版编目（CIP）数据

电力设备 X 射线检测技术/蔡晓斌，于虹，刘荣海主编 .—北京：化学工业出版社，2021.5
ISBN 978-7-122-38616-8

Ⅰ.①电… Ⅱ.①蔡…②于…③刘… Ⅲ.①电力设备-X 射线探测 Ⅳ.①TM4

中国版本图书馆 CIP 数据核字（2021）第 036258 号

责任编辑：高墨荣　　　　　　　　　装帧设计：刘丽华
责任校对：王素芹

出版发行：化学工业出版社（北京市东城区青年湖南街 13 号　邮政编码 100011）
印　　装：北京盛通商印快线网络科技有限公司
787mm×1092mm　1/16　印张 16¾　字数 416 千字　2021 年 6 月北京第 1 版第 1 次印刷

购书咨询：010-64518888　　　　　　　售后服务：010-64518899
网　　址：http://www.cip.com.cn
凡购买本书，如有缺损质量问题，本社销售中心负责调换。

定　　价：68.00 元

编写人员名单

蔡晓斌　于　虹　刘荣海　魏　杰
郭新良　吴章勤　赵现平　王达达
杨迎春　郑　欣　许宏伟　周静波
虞鸿江　焦宗寒　代克顺　陈国坤

前言

当前，X射线成像系统已发展成为一个专门的技术领域，X射线数字成像技术作为正在进行研究的应用于电力系统的新技术，已经证明了是一种电力设备检测行之有效的技术，其检测的直观、方便、快捷的特点使得对电力设备的检测结果更准确、检测效率更高。如何提高X射线成像质量、探究X射线在电力设备检测中的影响因素、保证X射线电力设备检测试验的顺利开展，是X射线数字成像技术考虑的重要因素。

本书从射线检测的理论基础，引入X射线检测及实验搭建，在获取的X射线图像中开展安全性分析，研究X射线数字成像透视检测系统对电力设备典型缺陷的适用性，阐述X射线高质量图像获取与智能化图像处理技术，介绍人员和系统防护措施，并结合典型工程案例分析阐明X射线在电力设备检测中的重要应用。

本书的主要目的在于介绍X射线成像技术在电力设备检测中的应用和实例，使读者能够：

（1）对成像技术和理论及相关的数学工具在电力科学实验和实践中保持高度的敏感；

（2）在理论指导下，理性而非盲目地运用现有科学技术工具，解决一些工业领域的问题；

（3）建立和工程技术人员的共同语言，为开展多学科合作，进一步拓展信息技术在工业领域的应用奠定基础。

正是基于这一目的和定位，本书在编写原则上保持了相关技术本身应有的系统性和理论性，更着重地体现该技术在电力检测应用中的实用性和针对性。

本书由云南电力试验研究院（集团）有限公司高级工程师蔡晓斌、教授级高级工程师于虹和高级工程师刘荣海组织编写，所有案例均来自企业实际真实案例，编写人员全部为来自云南电网有限责任公司电力科学研究院有着一线实践经验的教授级高级工程师以及工程技术人员。

由于水平有限，书中难免有疏漏和不足之处，恳请广大读者批评指正。

编者

目录

第5章　X射线高质量图像获取与智能化图像处理技术 / 129

第 1 章

射线检测基础

1.1 射线检测的特点、应用及发展趋势

1.1.1 射线检测的特点

射线检测是利用 X 射线、γ 射线和中子射线易于穿透物体，并在穿透物体过程中受到吸收和散射而衰减的性质，在感光材料上获得与材料内部结构和缺陷相对应的黑度不同的图像，从而检测出物体内部缺陷的种类、大小、分布状况并作出评价。

由于射线检测对缺陷形象直观，对缺陷的尺寸和性质判断比较容易。如用计算机辅助断层扫描（CT）法，尚可知道缺陷的断面情况，便于分析处理；如用底片记录法，则可作为原始的资料长期保存；如用图像处理技术，还可使评定分析自动化。此外，射线检测对物体既不破坏也不存在污染。这样就对控制和提高产品的制造质量起了保证作用，所以在现代工业中射线检测已成为一种必不可少的无损检测方法。但是射线对人体有害，在检测中必须妥善防护。此外，相对于其他几种无损检测方法而言，射线检测的成本费用较高。

1.1.2 射线检测的应用

射线检测法用于检测零件、部件或组件在其材料厚度或密度上呈现差异的特征，厚度或密度差异大的远比差异小的易于检测。一般来说，射线检测法只能检测与射线束方向平行的厚度或密度上的明显异常部分，因此，检测平面型缺陷（如裂纹）的能力取决于被检测件是否处于最佳辐照方向。而在所有方向上都可以测量体积型的缺陷（如气孔、夹杂），只要它的相对于截面厚度的尺寸不是太小，均可以检测出来。

由于射线检测原理是依靠射线透过物体后衰减程度不同来进行检测的，故适用于所有材料，不管是金属的还是非金属的，如检测各种材料的铸件与焊缝、塑料、蜂窝结构以及碳纤维材料，还可用以了解封闭物体的内部结构。所以射线检测已在化工、石油、机械和电站设备制造、飞机、宇航、核能、电子、造船等工业中得到了极为广泛的应用。

　　由于可选用不同波长的射线，所以可检测薄如树叶的钢材，也可检测厚达 500mm 的钢材。如用线型像质计，射线检测发现缺陷的相对灵敏度一般可达 1%～2%，个别采用特殊手段还可再高一些而优于 1%。

　　但是射线检测法的应用受到厚度范围的局限，这一厚度范围主要是由所使用的射线源和最大可行的曝光时间确定的，一般用 X 射线装置和放射源作为射线源，经常使用的放射源有 ^{192}Ir、^{137}Cs、^{60}Co 和 ^{170}Tm 诸种。如果使用管电压为 420kV 的 X 射线装置，可检测的最大钢板厚度为 100mm 左右；如果使用 ^{192}Ir、^{137}Cs，检测钢板厚度为 10～75mm；如果使用 ^{170}Tm，可透照钢板厚度只有 15mm，^{60}Co 透照钢板厚度为 40～225mm，应用电子加速器可穿透钢板的厚度为 80～500mm。如果钢板厚度为 500mm 以上，则目前还不能用射线检测法检验。

1.1.3　射线检测发展趋势

　　由于射线检测具有一系列的优点，因此用其他无损检测方法完全取代射线检测是不可能的。但是，射线检测发展的前景如何，一方面要看射线检测自身技术的发展；另一方面也要看其他无损检测技术的发展情况。

　　目前，X 射线探伤机的管电压最高为 450kV，功率多数在 4kW 以下。管电压指标表示了穿透能力。在最大管电压下，对于钢材的穿透能力不超过 130mm。再厚的工件，必须使用 γ 射线探伤装置或加速器探伤装置。

　　管焦点是反映 X 射线探伤机性能的另一个重要指标。管焦点越小，获得的图像越清晰，它直接影响仪器的分辨本领和灵敏度。目前，大多数 X 射线机的焦点尺寸在 0.4mm×0.4mm 到 4.0mm×4.0mm 之间，有的具有双焦点。美国、英国等国还研制了微米级的微焦点 X 射线机。为了适应球形、圆筒形等工件的检测，还研制了棒阳极、旋转阳极和圆周照射的 X 射线探伤机。

　　金属陶瓷管的出现使管头缩小了体积、减轻了重量，提高了 X 射线管的强度和寿命。

　　在移动式和固定式 X 射线探伤设备中，普遍采用稳压电路，并在每个电压级别都可配有定向和周向辐射仪器。普遍采用双焦点。控制系统实现了电压、电流、曝光时间的精确控制，并利用电离室或光敏二极管实现自动曝光。

　　携带式仪器的发展方向是小型和轻量化。通常采用半波自整流电路，并尽量缩小 X 射线管尺寸。在管内窗口处局部覆铅或采用贫化铀吸收散射线，采用 SF_6 气体绝缘、高频变压（用 400～800Hz 方波电源代替 50Hz 正弦波电源供电），以及阳极接地（用于 X 射线管冷却）等技术措施。控制器小型化、通用化，便于配套。电压、电流和曝光时间可以预选并用数字显示。对大型螺旋焊管，还生产了管道爬行式小型 X 射线机，用长电缆或蓄电池供电。

　　γ 射线探伤仪也在小型轻量、安全防护等方面做了大量改进，已生产出检测钢管的半自动或全自动探伤仪。仪器还有单通道和多通道等不同类型。其放射源可以、自动伸出和收回，以闪烁晶体做探测器，并配有信息处理与显示装置以及自动扫描装置等。

　　在高能射线方面，电子直线加速器和电子回旋加速器已得到普遍应用，为检测大厚铸件和焊缝提供了便利条件。

　　在显示方法中，除用胶片和电离探测器进行记录外，工业电视显示方法也广泛应用。此外，记忆电视也被引入射线检测过程，用于存储透视结果，以便随后观察和评价。计算机图像处理系统对底片和工业电视图像的处理已获得了令人满意的结果，从而大大提高了为识别缺陷所需的清晰度和灵敏度。

为了实现某些生产线上的在线实时自动检测，已研制了各种程序控制单元。使工件能按程序在几个位置上处于静止状态接受检验。配合自动探伤传送装置，可以实现射线检测的全部自动化。

X 射线计算机层析摄影技术（computed tomography），在工业上已经开始应用，并且会越来越普及。这对射线检测中提高缺陷的定位、定量和定性精度将是革命性的进展。

在射线检测灵敏度的理论分析方面，已用分辨力函数和调制传递函数（modulation transfer function）的概念，综合分析在图像产生过程中所有影响因素的作用，例如，被检试件中辐射的传递、照相几何、线质与射束特征、胶片与增感屏的组合、胶片的处理等。调制传递函数已开始用于评价图像质量和评价射线照相检测系统，包括评价工业电视装置、CT 扫描系统、闪光射线照相和中子照相等装置中。

1.2　射线源及其特性

1.2.1　什么是射线

这里所说的射线主要是指 X 射线和 γ 射线，它们都是电磁波。此外，还有 α 射线、β 射线等，但它们不是电磁波。

电磁波在物理学上通常用几个参量描述，即波速 c、波长 λ，频率 υ 和周期 T。它们之间的关系为

$$\lambda = cT \quad \text{或} \quad x = \frac{c}{\upsilon} \tag{1-1}$$

各种电磁波的传播速度相同，但频率和波长不同，如表 1-1 所示。

由表 1-1 可以看出，X 射线、γ 射线比可见光的波长短、频率高，我们知道，频率越高，则波长越短，穿透能力也越大。

▫ **表 1-1　各种电磁波的频率和波长**

电磁波的种类	频率/Hz	在真空中的波长/cm
无线电波	$10^4 \sim 3 \times 10^{12}$	$3 \times 10^6 \sim 10^{-2}$
红外线	$10^{12} \sim 3.9 \times 10^{14}$	$3 \times 10^{-2} \sim 7.7 \times 10^{-5}$
可见光	$3.9 \times 10^{14} \sim 7.5 \times 10^{14}$	$7.7 \times 10^{-5} \sim 4 \times 10^{-5}$
紫外线	$7.5 \times 10^{14} \sim 5 \times 10^{16}$	$4 \times 10^{-5} \sim 6 \times 10^{-7}$
X 射线	$3 \times 10^{16} \sim 3 \times 10^{20}$	$10^{-6} \sim 10^{-10}$
γ 射线	3×10^{19} 以上	10^{-9} 以下

由于 X 射线和 γ 射线都是电磁波，因此它们都具有下列相同的特性：

① 不可见，依直线传播，并遵守反平方法则；

② 不带电荷，不受电场和磁场影响；

③ 能产生光化学作用，使某些感光材料感光，且能使某些物质发生荧光作用；

④ 能穿透不透明的物质，并能引起强度的衰减；

⑤ 能使物质产生光电子及反跳电子，以及引起散射现象；

⑥ 能产生生物效应，伤害及杀死有生命的细胞。

1.2.2　X 射线的产生及其性质

（1）X 射线的产生

产生 X 射线必须具备 3 个条件：

① 有一个发射电子的源；

② 有一个加速电子的手段；

③ 有一个接收电子碰撞的靶。

如图 1-1 所示，热灯丝作电子发射源，它所发出的电子经过管电压加速，以高速直线射到阳极靶，这些高速运动的电子因受到阳极靶阻止，就与靶碰撞而发生能量转换，其中大部分转换成热能，其余小部分转换成光子能量，即 X 射线。电子的速度越高，能量转换时产生的 X 射线能量就越大。

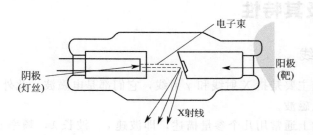

图 1-1　X 射线产生原理

高能 X 射线的产生和上述基本相似，所不同的是高能 X 射线的电子发射源不是热灯丝，而是电子枪，电子运动的加速也不是管电压，而是加速器。因此，它们发射的电子数量比一般 X 射线多，而电子运动的速度也比一般 X 射线高，因此穿透能力比一般 X 射线强得多。

（2）X 射线的性质

① X 射线的直线传播性质及其平方反比定律。X 射线是波长很短的电磁波而且具有波的二重性的特点，其光子运动的方向与电磁波传播方向是一致的。X 射线管产生的 X 射线是以电子束射向靶板那一点的中心，以球面波的形式呈辐射状态向四周传播的。若 X 射线在靶上某一点以一个很小的圆锥角向外辐射，则形成一个圆锥形的辐射光束。如图 1-2 所示。

由图 1-2 可知，光子流由 X 射线源向外传播时，在任何垂直截面上单位时间内通过的光子总数都是不变的。但随着 X 射线离开射线源距离的增加，光子的密度在不同的距离上将发生变化，距离越远光子的密度越小，X 射线束的截面积也越大。计算表明：在单位面积上通过的光子密度与离开射线源的距离平方成反比，或者说 X 射线的强度与射线源的距离平方成反比，这就是平方反比定律。

② X 射线的线谱。一般情况下由 X 射线管发出的 X 射线，其波长都不是单一的，而是由系列不同波长的 X 射线和或几个特定波长的 X 射线谱所组成。把不同波长所组成的 X 射线谱叫做连续 X 射线或白色 X 射线。把具有固定波长的 X 射线，叫做标识 X 射线或特征 X 射线。

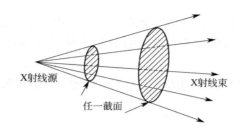

图 1-2　X 射线束示意图

　　a. 连续 X 射线。对一定材料作成靶的 X 射线管，在一定电压下都有一个与电压对应的连续 X 射线谱。如用钨（W）做靶的 X 射线管在 40kV 时的连续光谱及光谱中的黑度曲线如图 1-3(a)、(b) 所示。

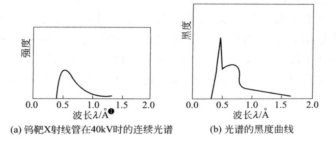

(a) 钨靶X射线管在40kV时的连续光谱　　　　(b) 光谱的黑度曲线

图 1-3　钨靶 X 射线管在 40kV 时的连续光谱与光谱的黑度曲线

　　如果只改变管电压而其他条件保持不变，就会得到不同电压下的连续谱线，如图 1-4 所示。

　　如使用具有钼（Mo）靶的 X 射线管，当改变 X 射线管的管电压时，在 20kV 以下，如 20kV、15kV、10kV、5kV，也分别具有连续的波长分布，如图 1-5 所示。

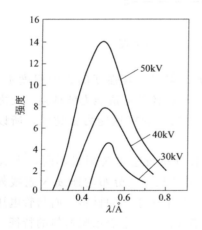

图 1-4　不同电压下钨靶连续 X 射线谱示意图

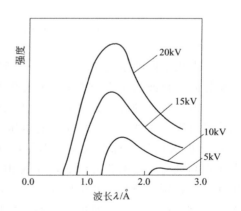

图 1-5　钼靶的 X 射线谱

　　以上各图中所示的具有这种连续谱线分布的 X 射线叫做连续 X 射线或白色 X 射线。从

----

❶ $1\text{Å} = 10^{-10}\,\text{m}$

这些连续谱线中可以看到这样一种情况，即在一定的管电压下，这些连续 X 射线都具有一个波长最短的点，比这个最短的波长点更短的 X 射线波长是不存在的，这个点的波长叫做 X 射线的极限波长。

随着管电压的升高，极限波长的值将朝左方向移动。若设极限波长为 $\lambda_{极}$，管电压为 U，则 $\lambda_{极}$ 与 U 之间有如下关系：

$$\lambda_{极} = \frac{1.24}{U} \tag{1-2}$$

从图 1-4 与图 1-5 中还可以看出，随着管电压的升高，曲线的顶点即最大强度所对应的波长也朝波长短的方向移动。另一方面图中所表示的管电压高度曲线所包围的面积，即是构成 X 射线在此电压下的总强度，其强度值与管电压的平方成正比。

连续 X 射线的强度在各个方向是不相同的，经测试证明在垂直于电子流运动的方向上，X 射线的强度比较大，而在电子流前进的方向和相反的方向上，X 射线强度为零。但这种测试结果只适用于管电压较低的情况，在管电压很高时电子流前进的方向及其相反的方向也有 X 射线辐射，它的强度比垂直于电子流方向要弱。射线管所发出的 X 射线强度最大的方向是与电子流大约成 $60°\sim70°$ 的方向。由于这个原因，在设计 X 射线管时阳极靶板倾斜度应满足此要求。在不同管电压下连续 X 射线的强度在不同方向上的分布如图 1-6 所示。

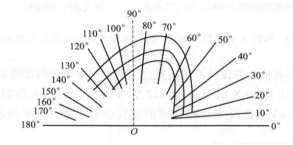

图 1-6　不同管电压下连续 X 射线强度分布示意图

在管电压不同的情况下，X 射线管所辐射的连续 X 射线，其强度的集中程度不一样，管电压越高，短波较长成分越多，X 射线强度越集中，对物体的穿透能力就越强。反之管电压越低，波长较长的成分越少，X 射线强度越分散，对物体的穿透能力就越弱，所以在 X 射线检测过程中工件越厚，所用的管电压就越高。

b. 标识 X 射线。标识 X 射线即特征 X 射线的波长分布与连续 X 射线不同，当 X 射线管电压提高到某一定的临界值后，在 X 射线谱中，除了波长连续分布的连续 X 射线外，还会出现几个特别的波长，其强度非常大。这个特殊波长只取决于靶的材料，而与管电压的量值无关，这个谱线非常狭窄的波长叫做靶材料的特征谱线。由于它表示靶材料的特征，习惯把这种波长的 X 射线叫标识 X 射线，或叫特征 X 射线。管电压在 35kV 下，钼（Mo）所产生的两种标识 X 射线，如图 1-7 所示。从图中可看到有两条波长分别为 63pm 和 71pm 的 K 系列标识 X 射线，叫做 K_{α} 和 K_{β}。

材料的标识 X 射线与该材料原子结构中电子的能级有关，当某能级中的电子在外力冲击下被轰走而产生空位时，靠外壳层中的电子就会来充填这个空位，而这一层留下的电子空位就由更靠外层的电子所充填，这种电子能级的跃迁就会产生相应的标识 X 射线。电子壳层和标识 X 射线的产生原理，如图 1-8 所示。

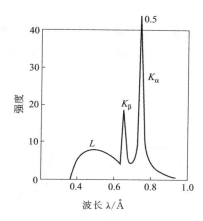

图 1-7　管电压为 35kV 时钼的标识
X 射线与连续 X 射线的分布

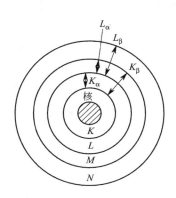

图 1-8　电子壳层和标识 X 射线产生原理

从图中可以看到，要产生材料的标识 X 射线，必须首先有足够的能量把该原子壳层上的电子轰走，越是靠内层的电子，要轰走它就需要越大的力量。若要把最靠近原子核那层的电子轰走，那么由外壳充填进来的电子所剩余的能量就越多，它辐射出来的标识 X 射线就越强烈。如果能量不多，就只能产生连续 X 射线而不能产生材料的标识 X 射线。如轰走钨靶中钨原子的 K 层电子时，最低电压为 69.5kV，那么管电压低于这个值时，在 X 射线谱中就不会出现 K 系列的标识 X 射线，而只能出现连续 X 射线。

1.2.3　X 射线透过物质时的衰减

X 射线透过物质后就失去了一部分能量，这种现象称为 X 射线的衰减。X 射线是由一系列以光速传播的光子组成的，光子在透过物质时，与物质中的壳层电子撞击而发生能量转化，光子的大部分甚至全部能量被受撞电子吸收。吸收光子能量的电子沿不同方向以不同速度运动而成为自由电子，这些自由电子同被透照物质的原子碰撞，又能产生低能的"二次 X 射线"或"散射 X 射线"，由此引起 X 射线透过物质后的衰减。

（1）吸收与散射

光子能量在 $0.01\sim 10\mathrm{MeV}$ 范围内，其吸收与散射主要表现为光电效应、康普顿效应和电子对的生成。这三种过程的共同点是，都产生电子，然后电离或激发物质中的其他原子。

① 光电效应。即当 X 射线的光子透过物质时，与原子壳层电子作用，将其全部能量传给电子，使其摆脱核的束缚而成为自由电子，而光子本身消失，这种现象称为光电效应，如图 1-9 所示。

光电效应主要发生在 $10\sim 500\mathrm{keV}$ 的低能 X 射线情况下，其发生的概率 P，近似与物质的原子序数 Z 的四次方成正比，与光子能量 E 的三次方成反比。即

$$P = \frac{k\rho Z^4}{E^3} \tag{1-3}$$

式中，k 为系数；ρ 为物质密度。

② 康普顿效应。当 X 射线的入射光子与物质的一个壳层电子碰撞时，光子的一部分能量传给电子并将其击出轨道，称为康普顿电子，光子本身减少了能量并改变了传播方向，成为散射光子，这种现象叫做康普顿效应，如图 1-10 所示。

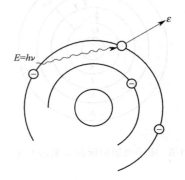

图 1-9　光电效应

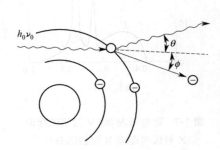

图 1-10　康普顿效应

康普顿效应主要发生在能量大约在 $0.2 \sim 3\text{MeV}$ 能量较高的光子，其发生概率与物质中的电子密度成正比，而受原子序数影响不大。

③ 电子对的生成。当入射光子能量 E 大于两个电子的静止质量（即 $E > 1.02\text{MeV}$）时，光子在原子核场的作用下，转化成一对正、负电子，而光子则完全消失，此种现象称为电子对的生成，如图 1-11 所示。

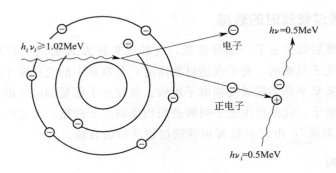

图 1-11　电子对的生成和消失

光电效应、康普顿效应和电子对的生成是射线与物质相互作用的主要形式。光电效应和康普顿效应随射线能量的增加而减少，电子对的生成则随射线能量的增加而增加，三种效应的共同结果是使射线在透过物质时能量产生衰减。

（2）X 射线透过物质时的衰减

X 射线透过物质后，由于各种效应的作用，其强度降低，这种现象称为 X 射线的衰减。射线的强度又称辐射强度，是指在给定方向上的立体角元内，离开点辐射源（或辐射源面元）的辐射功率除以该立体元。单位为 W/Sr（瓦每球面度）。有时也用能量辐射率（亮度）的概念，它是指表面一点处的面元在给定方向上的辐射强度，除以该面元在垂直于给定方向的平面上的正投影面积，单位为 $W/(Sr \cdot m^2)$（瓦每球面度平方米）

　　一般而言，组成物质的原子序数越大，物质对 X 射线的吸收就越强，反之则越弱。但实际上 X 射线检测过程中所遇到的物体往往是由多种不同的物质组成的，而且这些物质在其内部存在的状态也不一致，因此它们对 X 射线的吸收也不一样。

　　当射线强度为 I_0 的一束平行的 X 射线，通过厚度为 d 的物体时，其强度的衰减应遵守如下规律：

$$I_d = I_0 e^{-\mu d} \tag{1-4}$$

　　式中，I_d 为 X 射线通过厚度为 d 的物体后强度；I_0 为 X 射线通过物体以前的强度；μ 为衰减系数。

　　衰减系数 μ 是线衰减系数，它的定义是垂直通过无限薄介质层的准直电磁辐射束，它的辐射能通量或光通量的光谱密集度的相对减弱除以介质层的厚度，单位为 m^{-1}（每米）。μ/ρ 称为质量衰减系数（ρ 是介质密度）。

　　衰减系数 μ 的数值与辐射的波长 λ 的三次方和材料的原子序数 Z 的三次方成正比，即 $\mu = k\lambda^3 Z^4$，k 为与材料密度有关的系数。

　　物体对连续 X 射线的衰减情况如图 1-12 所示，这是一个实验曲线。实际探伤中使用的 X 射线是含有许多不同波长的连续 X 射线。如果材料一定，则对每个波长 λ 均有与其相应的线吸收系数 μ λ，因而综合 μ 值计算复杂，故多由实验确定。

　　因波长较长的射线比波长较短的射线容易被材料吸收，故射线的平均波长变短。原来的强度为 I_0 的不均匀辐射，在透过厚度为 x 的材料后强度 $I(x)$ 和 $\mu(x)$ 均变为厚度 x 的函数。

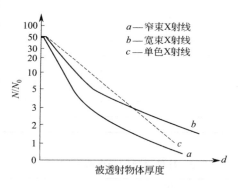

图 1-12　连续 X 射线的衰减曲线

　　图中曲线 a 表示窄束 X 射线的衰减曲线，其波长 λ 虽有变化，但由于各不同波长的长度很接近，它随被透照物体厚度的增加衰减系数 μ 值变化很小。

　　曲线 b 表示宽束 X 射线的衰减曲线，曲线上各点的不同斜率即为连续 X 射线在该条件下的衰减系数 μ 值。对连续 X 射线来说，被透照的工件厚度越大衰减系数前一部分的衰减变化就越大，而后一部分衰减系数随工件厚度增大将逐渐变小。这是因为连续 X 射线能量小的那部分光子首先被吸收，所剩下的能穿透工件的短波长 X 射线那部分光子的能量就显得均匀而且强大，所以工件对这部分高能量的光子衰减变化就小，衰减系数 μ 值也随之变小。

　　曲线 c 为单色 X 射线的衰减曲线，它是一条各点曲率相同的直线。对同一波长的单色 X 射线而言，衰减系数 μ 与 X 射线的光子能量和被透照物质的关系是一个确定值，衰减系数 μ 不随被透照工件的厚度变化而改变，也就是说 μ 值与工件厚度无关。

（3）半价层

　　当射线穿透物质时，由于光电效应、康普顿效应和电子对的生成而引起的吸收和散射使其衰减。通常用半价层 $d_{1/2}$ 来表示辐射强度衰减一半时物质的厚度，以此判断射线的穿透力（或硬度）。它取决于材料本身的性质（密度）和射线的波长。从式（1-4）来看，只要满足 $I_d=1/2I_0$ 的 d 值就是半价层厚度。由此可得

$$d_{1/2}=\frac{\ln2}{\mu}=\frac{0.693}{\mu} \tag{1-5}$$

式中，$d_{1/2}$ 为射线强度衰减半时的工件厚度；μ 为衰减系数。

半价层的值随被透照工件或吸收体的种类不同而异，衰减系数越大，则半价层的厚度越小，半价层对选择屏蔽射线的材料有很重要的意义。表 1-2 和表 1-3 列出了几种材料的半价层厚度和线衰减系数。

⊡ 表 1-2 铝、铁、铜的半价层厚度

光量子能量/keV	半价层厚度/mm		
	铝	铁	铜
30	2.27	—	—
40	4.6	0.24	0.16
50	7.2	0.46	0.30
60	9.5	0.73	0.49
80	12.8	1.47	1.02
100	15.1	2.37	1.69
150	18.6	4.5	3.5
200	21.1	6.0	5.0
300	24.7	8.0	7.0
400	27.7	9.4	8.3
500	30.4	10.5	9.3

⊡ 表 1-3 几种材料的线衰减系数

射线能量/MeV	水	碳	铝	铁	铜	铂
0.25	0.124	0.26	0.29	0.800	0.91	2.7
0.50	0.095	0.20	0.22	0.665	0.70	1.8
0.75	0.078	0.17	0.19	0.544	0.58	1.06
1.00	0.069	0.15	0.16	0.469	0.50	0.80
1.25	0.063	0.13	0.146	0.413	0.45	0.62
1.50	0.058	0.12	0.132	0.370	0.41	0.58
1.75	0.052	0.11	0.122	0.337	0.38	0.55
2.0	0.050	0.10	0.150	0.313	0.35	0.48
2.5	0.043	0.087	0.105	0.280	0.33	0.44
3.0	0.041	0.083	0.100	0.270	0.32	0.42
3.5	0.033	0.078	0.095	0.260	0.31	0.42
4.0	0.032	0.069	0.086	0.250	0.30	0.46
4.5	0.031	0.068	0.078	0.245	0.28	0.47
5	0.030	0.067	0.075	0.244	0.27	0.48
6	0.026	0.064	0.071	0.232	0.28	0.50
7	0.025	0.061	0.068	0.233	0.30	0.53
8	0.024	0.059	0.065	0.233	0.30	0.55
9	0.023	0.057	0.063	0.214	0.31	0.58
10	0.022	0.054	0.061	0.214	0.31	0.60

一般把光子能量高的 X 射线称为硬 X 射线，光子能量低的 X 射线称为软 X 射线。提高 X 射线机的管电压，可得到能量较高的硬 X 射线。电子加速器产生的 X 射线称为高能射线，是更硬的 X 射线。所谓射线的软硬是形象地说明射线透过物质的能力。表 1-4 表明了这一现象。

⊡ 表 1-4　软硬 X 射线对照表

X 射线硬度	透过物质能力	光子能量	波长	吸收系数	半价层	X 射线管电压
软 X 射线	弱	低	长	大	薄	低
硬 X 射线	强	高	短	小	厚	高

从表 1-4 可见，越硬的 X 射线越可以透过较厚的物质，因而可以检测较厚的工件。

1.3　射线检测方法

1.3.1　射线检测灵敏度

必须区别射线检测的质量和射线检测灵敏度。在许多类型的射线检测工作中，这两个是作为同义词，特别在缺陷检测范围更是如此。显示较小缺陷的能力，即灵敏度的提高，认为是射线检测质量的改进。所以大部分射线检测与缺陷检验相关，这时射线检测灵敏度是重要的要求。

测量灵敏度最古老的方法是把一系列不同厚度的薄片放在工件之上，并用与工件同样的材料制成的，在射线底片上可以识别的最薄片当做灵敏度的判据。射线检测灵敏度表示为：（放在工件之上可识别的最薄片的厚度/工件厚度）×100%，称为厚度灵敏度或百分比灵敏度。

上述的不同厚度的薄片系列容易制成小阶模形式，如整个阶梯模是小的，则常称为透度计，现在大多数国家所公认的术语是"像质计"（Image Quality Indicater，IQI），它是测量射线检测灵敏度器件的术语。

透度计这样简单形式的像质计只能给出有限数量的信息，还有许多其他的由丝、槽、钻孔等构成的 IQI 设计。规定灵敏度的方法对于大多数这类器件与透度计相同：

$$K=\frac{\Delta A}{A}\times100\%\qquad(1-6)$$

式中，ΔA 为最小可识别单元的尺寸厚度；A 为工件的厚度。

（1）像质计
像质计的使用目的是：
① 规定所使用的射线检测技术；
② 评定射线照片不同部分的灵敏度；
③ 估价各种因素对影像质量的影响；
④ 估价缺陷灵敏度。
因此，对像质计要求具有如下特性：
① 对射线检测技术的变化灵敏；

② 判断影像的方法尽可能简单、准确；

③ 易于应用。

目前应用的像质计主要类型有：

① 线型像质计。由直金属线组成，线的材料与工件的材料相同，线的直径按标准几何级数选取。线间隔一定距离平行地放在低射线吸收的薄片中，对最细的线，更好的方案是把它们伸展在金属线架上。像质计应具有识别符号显示所使用线的材料和参数。

我国标准 JB/T 7902—2015《无损检测 线型像质计通用规范》中，对像质计的形式和规格作了明确的规定。该标准规定以 7 根编号相连续的金属线为组，共分两类六组，即 R'10 系列 1~7、6~12、10~16 三组；R'20 系列（1）~（7）、（6）~（12）、（10）~（16）三组，如表 1-5 所示。

表 1-5　JB/T 7902—2015 规定的线型像质计的规格

R'10 系列			R'20 系列		
线直径		线编号	线直径		线编号
直径/mm	允许偏差/mm		直径/mm	允许偏差/mm	
3.20	±0.03	1	6.30	±0.04	（1）
2.50	±0.03	2	5.60	±0.04	（2）
2.00	±0.03	3	5.00	±0.04	（3）
1.60	±0.02	4	4.50	±0.04	（4）
1.25	±0.02	5	4.00	±0.03	（5）
1.00	±0.02	6	3.60	±0.03	（6）
0.80	±0.02	7	3.20	±0.03	（7）
0.63	±0.02	8	2.80	±0.03	（8）
0.50	±0.01	9	2.50	±0.03	（9）
0.40	±0.01	10	2.20	±0.03	（10）
0.32	±0.01	11	2.00	±0.03	（11）
0.25	±0.01	12	1.80	±0.03	（12）
0.20	±0.01	13	1.60	±0.02	（13）
0.16	±0.01	14	1.40	±0.02	（14）
0.125	±0.005	15	1.25	±0.02	（15）
0.100	±0.005	16	1.10	±0.02	（16）

这种基本的线型像质计已在英国、德国和国际焊接学会的推荐中标准化，在设计上只有很小的改变。

② 阶梯孔型像质计。阶梯孔型像质计的基本结构如图 1-13 所示，它由一系列厚度均匀的平板组成，板的材料与工件材料相同，每个阶梯都有一个或两个穿过整个板厚并垂直于表面的孔，孔的直径等于板厚尺寸，其量值如表 1-6 所示。

在阶梯 1~8 有两个孔，在每个板上没有必要位于同样的方位，但不能相互靠近，距边缘不能小于 3mm，在阶梯 9~18 每个板的中心有个孔，通常每个阶梯的尺寸是边长为 12mm 的正方形。

③ 平板孔型像质计。在美国使用不同样式的像质计，并且仍称为透度计。有几种基本设计相同的样式，熟知的 ASTM 平板孔型像质计的基本结构如图 1-14 所示。它由厚度均匀的平板构成，板上有三个钻孔和识别字母。如果平板的厚度为 T，三个孔的直径分别是板厚的 4 倍、1 倍和 2 倍。平板与工件必须是相同或十分相近的材料。一般平板选用的厚度 T 是工件厚度的 2%，灵敏度用类似于（2—2T）的形式表示，它是指：T 为工件厚度的 2%，

$2T$ 孔在影像上是可以识别的。各灵敏度级别对应的等价灵敏度如表 1-7 所示。

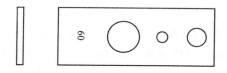

图 1-13　阶梯孔型像质计基本结构图

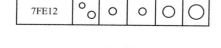

图 1-14　平板孔型像之质计基本结构

⊡ 表 1-6　阶梯孔型像质计的尺寸

阶梯编号	孔径和阶梯厚度/mm	阶梯编号	孔径和阶梯厚度/mm
1	0.125	10	1.00
2	0.160	11	1.25
3	0.200	12	1.60
4	0.250	13	2.00
5	0.320	14	2.50
6	0.400	15	3.20
7	0.500	16	4.00
8	0.630	17	5.00
9	0.800	18	6.30

⊡ 表 1-7　ASTM 灵敏度级别及对应的等价灵敏度

级别	等价灵敏度/%	级别	等价灵敏度/%
$1-1T$	0.7	$2-2T$	2.0
$1-2T$	1.0	$2-4T$	2.8
$2-1T$	1.4	$4-2T$	4.0

（2）像质计灵敏度

评价任何一种射线检测技术的质量，都是用各种技术对一定厚度范围和一定的材料可以得到的像质计灵敏度来表示的。

关于像质计灵敏度应强调的是：

① 已有的像质计形式可得到的灵敏度值，随检测技术的变化不是很大；

② 像质计灵敏度不仅与像质计类型有关，而且与工件的厚度有关。不存在使用类似的技术对整个厚度范围都产生 2% 或 1% 的像质计灵敏度；

③ 影像可识别性的判断不是精确的参量，因此像质计灵敏度具有一定的分散性。也就是说，即使许多有经验的评判者在良好的观察条件下评定射线底片，也不可能都识别同样数量的线或孔；

④ 像质计灵敏度不表示缺陷灵敏度，两者间存在复杂的关系。一般说来，缺陷灵敏度低于像质计灵敏度，因为实际缺陷的形状、方位等因素要比像质计复杂得多。

（3）缺陷灵敏度

射线照相的影像质量主要由三个因素决定，即对比度、清晰度和颗粒度。一般说来，一个良好的射线照相影像应具有较高的对比度，较好的清晰度和较细的颗粒度。

在射线照相探伤中,对比度定义为射线照相影像两个相邻区域的黑度差,用 ΔD 表示。它与透照物体的性质、不同部分的厚度差相关,也与采用的透照技术、选用的胶片类型、暗室处理及射线照片的黑度相关。

若在射线透照方向上存在一厚度差 ΔA,被透照的物体厚度为 A,由于 ΔA 与 A 相比很小,可以认为入射到透照表面的射线强度相同。考虑到射线照相所用的 X 射线多为连续谱宽束 X 射线,因此必须考虑散射线的影响。设到达胶片的一次射线强度为 I_D,到达胶片的散射线强度为 I_s,那么,对比度可用下式表示:

$$\Delta D = \frac{0.43\mu G_D \Delta A}{1 + \dfrac{I_s}{I_D}} \tag{1-7}$$

式中,μ 为吸收系数;G_D 为胶片对比度。将式(1-7)代入式(1-6),可得到灵敏度表达式的另一种形式,即

$$K = \frac{\Delta D\left(1 + \dfrac{I_s}{I_D}\right)}{0.43\mu G_D A} \times 100\% \tag{1-8}$$

该公式与试验结果很符合,可以扩展到计算射线底片上可检测的钻孔或金属线的最小尺寸及人造裂纹缺陷,也即是所谓缺陷灵敏度。

① 线型像质计灵敏度与照相技术因素的关系。如果假设缺陷不改变到达胶片的散射线强度,也不改变散射线强度与一次射线强度之比。到达胶片的射线强度差是一次射线的强度差,射线照相的影像宽度符合 $W' = W + U$,其中 W 为 $U = 0$ 时的影像宽度,即缺陷宽度,U 为射线照相总的不清晰度,$U^2 = U_g^i + U_i^2$,U_g 为几何不清晰度,U_i 为胶片固有不清晰度,同时假设射线照相的影像黑度分布与形状因子相关,影像的可识别性由峰值黑度差决定,且颗粒度对影像质量的影响可以忽略。那么,对于线型像质计,其最小可识别的线半径 r 与各技术因素的关系可由下式表示:

$$\frac{r^2}{2r + U} = \frac{2.3F\Delta D\left(1 + \dfrac{I_s}{I_D}\right)}{\pi\mu G_D} \tag{1-9}$$

式中,F 为形状因子;U 为总的不清晰度;r 为金属线半径。此式表达了线型像质计灵敏度与射线照相技术中各种因素的关系,通过这个方程也可以估算金属线半径 r 的量值。

② 阶梯孔型像质计灵敏度与照相技术因素的关系。对于阶梯孔型像质计可以提出与线型像质计类似的方程。如果孔的直径等于阶梯厚度 h,则有:

$$\frac{h^3}{(h + 2U)^2} = \frac{2.3F\Delta D\left(1 + \dfrac{I_s}{I_D}\right)}{\mu G_D} \tag{1-10}$$

对于大的孔和 $h > U$ 的情况,$F = 1$;对于小的孔,$F = 0.6$。显然,式(1-10)也适用于平板孔型像质计灵敏度的计算。

表1-8列出了像质计灵敏度的计算值与通过试验方法得到的像质计灵敏度值,其中多数情况是试验值高于计算值,产生这种情况的原因是:像质计的直径和阶梯厚度不是连续的,此外,在计算中采用了些理想值,这与试验条件将存在些差别。考虑到这些因素,可以认为计算值与试验值之间存在较好的符合。

▫ 表 1-8　像质计灵敏度的计算值与试验值

射线能量 （管电压）/kV	钢厚度/mm	百分比灵敏度/%			
		线型像质计		阶梯孔型像质计	
		计算值	实验值	计算值	实验值
95	12.7	1.0	1.2	—	—
50	20.3	0.4	1.0	1.1	2.0
150	30.5	0.5	0.68	1.4	2.7
150	45.7	0.5	0.78	—	—
260	20.3	0.55	0.75	1.5	2.5
260	30.5	1.0	1.0	1.2	1.65
260	44.5	0.5	0.75	1.7	2.3
260	58.8	1.0	1.3	—	—
400	49.0	0.63	0.5	1.4	1.6
400	73.5	0.68	0.55	1.2	1.3
400	98.0	0.93	1.8	—	—

1.3.2　影响灵敏度的有关因素

（1）射线源尺寸与焦距的大小

射线源（或 X 射线管焦点）尺寸越小，透照后所得到的底片就越清晰。在射线源尺寸为理想点源的情况下，长度为 l 的物体经透照后在底片上的影像长度被扩大为 l'（图 1-15）。当射线源不是理想的点源时，长度为 l 的物体，在底片上的影像长度被扩大为 l''（图 1-16）。同时在影像的边缘产生了半影区。半影区的存在使影像边缘变得模糊不清，降低底片影像的对比度。半影区的大小用 U_g 表示，它又称为射线检测的几何不清晰度（它产生于射线源不是一个理想的点源，而是具有一定的尺寸）。其值可由下式求出：

$$U_g = d\,\frac{b}{a} = \frac{db}{f-b} \tag{1-11}$$

式中，d 为射线源焦点的大小；f 为射线源到胶片的距离（简称焦距）；a 为射线源到工件表面的距离；b 为胶片到工件表面的距离。

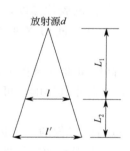

图 1-15　物体影像的放大

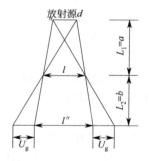

图 1-16　几何不清晰度的形成

为了得到高质量的射线底片，必须降低几何不清晰度。由式(1-11) 可见，它的大小与射线源焦点的大小成正比，与胶片距工件表面的距离成正比，而与射线源距工件表面的距离成反比。

为了减小几何不清晰度，射线源尺寸越小越好，工件的厚度越薄越好。但这些要求是不现实的，一台 X 射线机购置后，射线源焦点就固定了，胶片距工件表面的距离受被检工件厚度的限制，所以只能使胶片尽可能紧贴工件来减小此距离。

实用中几何不清晰的减小，常采用增大焦点至胶片的距离来实现。但按平方向比定律，射线强度与焦距的平方成反比，焦距增大时，射线强度急剧减小，就要求较长的曝光时间。所以又不能无限制地增大焦距，因此只好综合权衡。

(2) 射线能量

射线能量通常称为射线硬度，它决定了对被透照工件的穿透能力，射线硬度取决于辐射射线的波长。透照时使用的管电压越高，所产生的 X 射线也越硬，波长也越短，穿透物质的能力也越大，反之则越小。

射线检测工件的首要条件是要使射线能够透过工件并使胶片感光，这就要求透照时，必须有足够的射线硬度，才能得到足够黑度的底片，否则需延长曝光时间。

(3) 散射线和无用射线的影响

射线检测过程中不可避免地要产生散射线，在散射线作用下胶片也会感光，从而降低了底片的对比度和清晰度。散射线严重时，会因散射的作用而减少像质计影像中清晰可见的数量，降低灵敏度。对于散射线必须采取如下的防范措施。

① 屏蔽措施。将能够产生散射线的部位，用对射线有强烈吸收作用的材料屏蔽起来；

② 限束的措施。为避免射线在空气中的漫射和使射线沿着孔径光栏成一平行射束进行投射，利用铅制的限束器或孔径光栏加以限制；

③ 背衬措施。为避免暗匣、暗袋背面产生散射线，可利用较厚的铅板为衬垫材料，透照时垫在暗袋背面。

④ 过滤措施。在射线检测中一个重要的问题是工件的边界或边缘部分在胶片面积之内，并且要求直到边界都得到良好的缺陷灵敏度。这种情况，可采用边界遮蔽的办法，同时也可采用过滤技术使之得到明显改善。

如过滤器放在靠近 X 射线管处，它可以吸收 X 射线管发射的很软射线，这部分射线最容易被胶片吸收，且它们具有最大的照相效应。在没有过滤器时，这部分射线只能到达胶片没有工件的部分或者穿过工件的最薄部分，并在这个区域产生强烈的胶片黑度，使影像边界和细节发生模糊。在 X 射线管上使用过滤器在管电压 150～400kV 间的 X 射线具有最大价值。

⑤ 采用金属增感屏。到达胶片的射线是一次射线束的较高能量部分与在工件中产生的散射线，由于康普顿散射，大量的这种散射线是较低能量的，为防止其影响，可采取厚的前增感屏将其过滤掉。

如厚工件的边界在胶片面积之内，甚至用过波技术也难以清除影像的"咬边"，必须采取遮蔽边界，以防止无用射线到达胶片。此外，还可以采用对复杂形状的工件进行补偿或减少散射线的作用时间等措施。

(4) 胶片和增感屏

胶片典型的特性曲线如图 1-17 所示。

在线性区曲线满足方程：

$$D = \nu(\lg E_2 - \lg E_1) \tag{1-12}$$

式中，ν 是近似直线部分的斜率；$\lg E$ 是曝光量的常用对数；E 为曝　一点的切线的斜率 G，也就是曲线的梯度，常简称为胶片对比度，它由下 曲线在任何

$$G = \frac{\mathrm{d}D}{\mathrm{d}\lg E}$$

G 随黑度变化，尽管对可见光常取为常数，并且在曲线的整个线性部分近似 但对于 X 射线不存在纯粹性的线性区，并且 G 连续地随曝光量和黑度变化。G 是 中很重要的一个基本参量，如图 1-18 显示了 G 随黑度的变化情况。

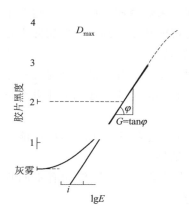

图 1-17　胶片典型特性曲线

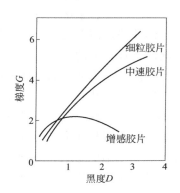

图 1-18　各类型胶片梯度与黑度的关系

由于人的眼睛分辨细节的能力随亮度而变化，因此除非可以得到非常高强度的照明器，否则是不可能用黑度太高的底片的。射线底片的黑度是射线检测技术中一个重要的因子，对于典型的射线检测底片，对比度随黑度的变化如表 1-9 所示。

▫ 表 1-9　对比度随黑度的变化

黑度 D	对比度 G	黑度 D	对比度 G
3.0	100	1.5	54
2.0	71	1.0	35

应指出的是，增感型胶片与增感屏起使用时，胶片对比度在底片黑度为 15 时达到最大值，对更高的黑度，对比度明显降低。

对各种技术，建议采用非增感型胶片，因此一般与金属增感屏一起使用，就射线检测灵敏度而言，这些屏的厚度一般不是关键的，但为了保持短的曝光时间应加以限制。

（5）被检工件的外形

外形复杂或厚薄相差悬殊的工件进行射线检测时，如按厚的部位选择曝光条件，则薄的部位曝光就会过量，底片全黑；如按薄的部位选择曝光条件，则厚的部位曝光不足，得不到最佳对比度。对这样的工件进行射线检测必须采取专门措施，例如分两次曝光或采取补偿的方法，使用补偿泥或补偿液，使黑度彼此接近。

（6）缺陷本身形状及其所处位置

射线检测发现缺陷的能力是有一定限度的，它对气孔、夹渣、未焊透等体积形缺陷比较

裂纹、细微未熔合等片状缺陷，在透照方向不合适时就不易发现。

测底片上缺陷的影像并不一定与工件内部实际缺陷一样，如射线源的位置不同
容易时，缺陷的影像就有变化，一般而言，焦距大时，缺陷影像放大就小；缺陷与胶片
离越远，则其影像愈被放大。

对于细微裂纹，特别是裂纹平面不平行于射线方向时，在底片上就很难发现，所以有时
在工件里有很长的裂纹，而在底片上只发现一段。

对于长条状缺陷，如条状夹渣、未焊透、未熔合等，由于这些缺陷本身在焊缝中状态不
一样，同一条状夹渣不同部位可能夹渣程度不同。同样，未焊透和未熔合程度也会不同。夹
渣较轻、未焊透较轻、未熔合较轻的部位在底片上都有可能观察不到。因此实际上是一条程
度不同的连续缺陷，而在底片上就可能显示出断续缺陷的影像。

由于缺陷在焊缝中的取向可能是各种方向的，而射线检测底片上的影像是在一个平面上
的投影，不可能表示出缺陷的立体形状，所以要确定出缺陷的大小，还需要用几个透照方向
来确定出不同方位的缺陷大小（立体形状）。

对角焊缝（T 形焊缝或 L 形焊缝）或对接焊缝进行斜透射时，缺陷影像可能变形，底
片上的缺陷影像位置与缺陷在焊缝中的实际位置也会有所错动。

由此可见，缺陷的形状、方向性和在工件中所处的位置对底片影像均有不同程度的影
响，即影响其清晰度也影响灵敏度，应用时应予以注意。

(7) 暗室处理

胶片的暗室处理过程包括显影、定影、水洗和烘干。通过这几个步骤，才能将曝光后具
有潜像的胶片变为可见影像的底片，以观察其是否存在缺陷影像，并且可将其长期保存。暗
室处理是射线检测的一个重要的过程，如果处理不当就会前功尽弃。诸如显影过度、显影不
足或显影液失效，有杂物混入等均影响底片的质量。从某种意义上说来，暗室处理质量是保
证底片质量的重要环节，必须引起重视，操作时应养成良好的操作习惯，以防止底片上粘上
污物、指纹等，同时还应注意防止划伤、破损等。

1.3.3　射线检测方法的近期发展

随着射线检测技术应用越来越广泛，新的检测方法不断出现，这里只对工业 X 射线电
视检测法、工业用 X 射线 CT 和计算机图像处理技术进行简要介绍。

(1) 工业 X 射线电视检测法

为了进一步提高射线检测的效率，满足工业生产中大批量的质量检验，实现自动化流水
作业，世界各国都普遍采用或大力发展射线电视检测技术。

作为一种无损检测手段，X 射线电视检测的对象可以是很广泛的，如钢管、钢板焊缝的
检测，钢和铝等金属铸件的检测塑料、橡胶、炸药等非金属制件的检测等。当然，由于检测
对象的不同，所用的射线源、工件的夹持以及传输机构也相应有所改变。

目前 X 射线电视检测法有如下几种基本类型。

① 荧光电视型。穿透物体的 X 射线射到硫化锌镉或钨酸钙的荧光屏上，经反射和聚光
后，由超正析摄像管摄像，用电视观察，其灵敏度可达 2%～3%，它是最早采用的一种
方法。

② 图像增强电视型。穿透物体的 X 射线经过图像增强器使图像的亮度提高几十倍，然后经电视摄像管摄像，再由电视屏幕观察。它是当前应用最广泛、灵敏度较高的 X 射线电视系统。它的图像增强管、摄像管和光学系统三部分通常由外壳固定成为一体。

③ 直接摄像电视型。穿透物体的 X 射线，直接射到对 X 射线敏感的摄像管上，所摄取的图像再经电视屏幕显示。它的优点是不需光学系统，可保持高的分辨本领；缺点是有效视野小，需放大后观察。

④ 固体像增强器型。用固体像增强器代替荧光屏，可获得高辐射亮度。采用小型坚固的转换板，与其他方式比较，光学摄像系统可简化，且价格也比较便宜。

应用最广泛的 X 射线工业电视原理示意图如图 1-19 所示。主要由四部分组成，即 X 射线源、图像增强器、电视摄像机和接收显示装置。

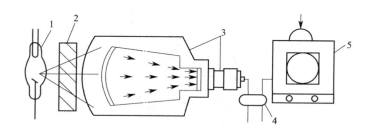

图 1-19　X 射线工业电视原理示意图

为了提高 X 射线电视检测灵敏度，应采取如下几种措施。

① X 射线焦点。应采用小焦点的 X 射线管，以便提高图像的清晰度。现在工业射线装置采用碳化铯图像增强管后，X 射线管的焦点更为显著地缩小，使得检测灵敏度已达 2%。为了进一步提高射线检测灵敏度，通过邻帧平均与空间域低通滤波技术后，对线型像质计而言，对厚度为 20～40mm 钢的检测灵敏度，可提高到 1%，而且图像稳定，便于观察。还能采取图像对数变换、减影处理与二值化等处理技术进一步对缺陷进行识别和判断。

② 控制图像的几何放大倍率。工件与荧光屏之间有一定距离，则工件在荧光屏上的投影将被放大。对于小焦点 X 射线源而言，尽量采用短焦距、高放大率可获得较高的检测灵敏度，但对较大焦点的 X 射线源，则不宜采用短焦距和较大的放大率，因为那样会使几何不清晰度增加，而使灵敏度降低。

③ 控制散射线的影响。为了提高电视图像质量，提高检测灵敏度，必须采用各种措施对散乱射线加以严格控制。

④ 提高 X 射线电视系统整机的性能。X 射线电视检测灵敏度是由 X 射线电视系统各技术单元的性能综合形成的。除上面提到的因素之外，电视系统的其他环节如荧光屏、透镜、图像增强器、摄像管、电子电路噪声、扫描线数目等同样对检测灵敏度有着重要影响。

(2) 工业用 X 射线 CT

计算机层析照相技术是根据物体横断面的一组投影数据，经过计算处理后，得到物体该横断面的图像，所以是一种由数据到图像的重建技术，简称 CT。CT 技术应用于放射性医学诊断是一个重大的突破。近些年来 CT 技术在工业上也获得了应用。

CT 技术是一种崭新的射线照相技术，是射线照相技术的一次重大变革。其基本原理如

图 1-20(a) 所示。按图示方位逐层扫描，将经准直的 X 射线或 γ 射线以各种不同方向入射被检物体，使之透过被检部位，由处在对面不同位置的经准直的探测器接收各个入射方向上的 X 射线或 γ 射线，由电子计算机将各个探测器所接收到的信息进行处理，在电视机屏幕上显示出所需的断层图像。

图 1-20(b) 是美国 BIO 公司研制的 Radapt-2 型工业 CT 装置的简图。该装置使用 320kV 的 X 射线机为辐射源，使用 512 通道的固态检测器。被检工件安装在一个可以前后、左右移动的立柱上，并可围绕立柱中心转动。工件的最大允许直径为 300mm，最大允许长度为 600mm。扫描时，工件既可以平移，又可以转动，断层截面的切取通过工件的上升或下降实现。

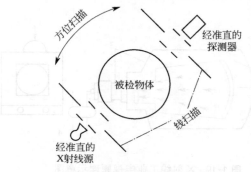

(a) X射线CT扫描器工作原理示意图

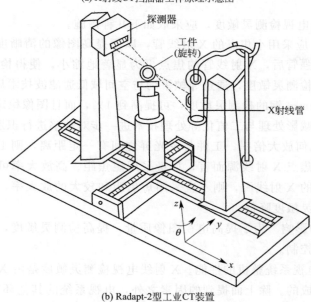

(b) Radapt-2型工业CT装置

图 1-20 工业 CT 的原理和装置

该装置的特点是 X 射线源与探测器均固定不动，被检工件可作 x、y、z 和 θ 方向的移动和转动，从而完成对整个工件的扫描。该装置的空间分辨率为 45 线对每厘米（0.222mm）成幅扫描时间 2～3min。

目前，世界上一些科技发达的国家竞相研究 CT 的理论基础、图像重建技术、扫描系统及装置，20 世纪 80 年代初期以惊人的速度便完成了第四代 CT 装置的研究工作，在 80 年代末期又完成了第五代 CT 的研制。进入 21 世纪后 CT 的发展更为成熟。

工业 CT 的研究与进展主要集中在以下几个方面。

① 辐射源。用于 CT 扫描的辐射源已从最初仅有的 X 射线源发展到使用 γ 射线、红外线、正电子、单光子、中子、质子、微波、超声波和地震波等。在工业 CT 中应用最多的是 X 射线（X 射线机和加速器）、T 射线源（^{60}Co 和 ^{192}Ir 源）、中子源（反应堆、中子管和氘氚型加速器）等。

② 探测器。在 CT 扫描系统中使用的探测器种类很多，但通常只有三大类，即闪烁晶体类、半导体类和惰性气体类。目前研制和应用较多的有塑料闪烁探测器、锗酸铋探测器、碘化钠探测器、氟化钙探测器、碘化汞探测器、混合闪烁晶体半导体探测器、硅探测器、核径迹探测器和锗探测器等。

③ 扫描器和扫描系统。工业 CT 的扫描方式主要有扇形束、平行束和锥形束等。世界各国研制成功的扫描器种类很多。较著名的有生产世界第一台 CT 装置的英国研制的 EMI 不同类型的扫描器，美国研制的 GE 系列扫描器，日本的 TOSCANER 系列扫描器等。例如日本研制的 420kV 工业 CT 扫描系统，主要由四个部分组成，即一个 420kV、4mA 的 X 射线管，一个有 250 个通道的混合、高能固态射线探测器，一个大尺寸的精密弧齿传动机构和一个装有 1024×1024 阵列的图像重建系统。1988 年美国圣地亚国家研究所研制的高能 CT 扫描系统包括：一个 2.5MeV 的直线加速器、一个 32 通道的探测器阵列、计算机系统和传动机构及图像处理系统。

④ 图像重建方法。图像重建是指从多个 X 射线扫描投影值中获得物体断面密度分布值，然后再利用计算机将扫描所得到的 CT 值重建出物体任意断面上的图像，这就是二维图像重建。由于物体是三维图像，如果要求再现物体的形状及内部组织结构，那么就必须将物体所有断面的二维数据按照断面的空间次序排列起来，便可以组成图像的三维数据，而且要求完整、逼真地重建出物体甚至是任意角度的三维图像，这就是 CT 技术的关键所在。

目前已研制出许多不同的图像重建算法。

a. 数据图像综合法。它是把可以直接快速计算重建平面上任何一点的检测角，采用三次样条函数对滤波器的投影数据进行内插的计算方法，以此来代替反投影的内插。

b. 线框重建法。它是将各层图像中物体的边缘轮廓线提取出来，组成纬线，再用样条曲线插值，组成经线，通过隐线消除，产生网状结构的三维物体图像。此方法需进行边缘检测。

c. 表面重建法。它是将各相邻两层图像的轮廓线用许多小三角形平面连接起来构成物体表面，再通过隐面消除，明暗处理、透明处理等方法获得一个半透明的三维物体图像。此种方法效果好，但计算量大、重建时间长，需做边缘检测。

d. 体素重建法。它是以单位小立方体而不是以像素点作为图像的基本单元的。体素重建后形成一个三维实体结构，可显示任意截面的图像。

e. 真实三维图像重建法。即利用光学原理和人眼的视觉暂留特性。基本原理是把三维图像依次显示在示波器上，配合帧周期，改变两面镜的角度，使图像在空间不同位置上形成组虚像，由于各断面图像的虚像位置距观察者远近不等，加上人眼的视觉暂留特性，便构成了立体图像。

f. 彩色分域重建法。它是基于物体内不同缺陷具有不同的吸收系数而使图像出现不同灰度的原理。为此可以用彩色指定功能对各种不同的灰度区域，指定不同的颜色，再按层次的远近改变颜色亮度，利用颜色由明到暗给人以由近及远的深度感觉。此种方法分辨率高，对任何复杂形状的物体都可以进行重建。

除了上述些方法以外，还有最大熵重建法、有限级数展开重建法或迭代法、空间投影迭代重建法、动态空间重建法、积分卷积重建法、圆谐函数展开重建法、二维立体卷积内插函数重建法、二维傅里叶重建法、最大熵有限元法、双能重建法、坐标重建法等。

描述一台工业 CT 装置的性能，可以用扫描时间、计算时间、测量孔径、断层厚度、几何分辨率、密度分辨率和摄影频率等参数来表征。虽然影响 CT 图像质量的因素很多，但通常用下列几种参数作为主要评价标志。

a. 空间分辨率。是指断层面上的几何分辨率，即显示最小物体的能力。

b. 断层厚度。在医学上称为切片厚度，它与空间分辨率密切相关。欲得到很高的空间分辨率，必须有很薄的扫描断层厚度。

c. 密度分辨率。又称对比度分辨率，它表示能够区分开的密度差别程度，以百分数表示。密度分辨率又称 CT 系统的灵敏度。

d. 伪影。又称假像，它是指图像中与被检物体的物理参数分布没有对应关系的部分。伪影可能来自被检物和 CT 装置两个方面。

e. 均匀度。它是指断面不同位置上同一组织或同类缺陷成像时，是否具有同个平均 CT 值。

f. 重复性。它是指在一定的误差范围内，同一物体在同样的测量参数下始终能获得同样的图像。

g. 时间分辨率。它不能从 CT 图像上直接读出，它受到照相时间的影响，关系到运动伪影的出现和可供建立图像的测量数据的数量以及可利用的射线剂量。

工业 CT 的应用已越来越广泛。航空与航天工业中，CT 技术用来检测精密铸件、烧结件和复合材料的结构等。核工业用 CT 技术检测反应堆燃料元件的密度和缺陷，确定包壳管内芯体的位置，检测核动力装置的零部件和组件等。钢铁工业用 CT 技术检测钢材的质量，如美国 IDM 公司研制的 IRIS 系统，用于热轧无缝钢管的在线质量控制，25ms 即可完成一个截面的图像，可以实时测量管子的外径、内径、壁厚、偏心率和椭圆度；还可同时测量轧制温度、管子的长度和重量，以及检测腐蚀、蠕变、塑性变形、锈斑和裂纹等缺陷。在机械工业中，CT 技术用来检测铸件和焊缝中的微小气孔、夹杂和裂纹等缺陷，并用来进行精确的尺寸测量。另外，在陶瓷工业、建筑工业、食品工业、矿业和石油工业等领域中，CT 技术也有很多应用。此外，在空气动力学、传热学、等离子体诊断、燃烧过程温度监测、生物工程，以及考古学、树木年轮和森林环境监测等方面，都可以广泛应用 CT 技术。

(3) 计算机图像处理技术

X 射线检测得到的图像是一幅二维图像，因此，必须利用二维数据压缩技术进行图像处理。通常可使用二维数字滤波器进行数据压缩，提取空间频谱的有限部分，也可使用正交变换法进行二维数据的正交变换。在计算机软件中已编有专用程序。

一幅二维图像 $f(x,y)$，其物像 $f(\zeta,\eta)$ 与模糊函数 $h(x,y,\zeta,\eta)$ 之间的关系是卷积：

$$f(x,y) = \iint\limits_{-\infty}^{+\infty} f(\zeta,\eta)h(x-\zeta,y-\eta)\mathrm{d}\zeta\mathrm{d}\eta \qquad (1\text{-}14)$$

为了便于计算机处理，改写成离散形式：

$$f(x,y) = \sum_{m=0}^{m-1} \sum_{n=0}^{n-1} f(m,n)h(x-m,y-n) \tag{1-15}$$

对上述方阵若做频域处理，需采用傅里叶变换，将图像变换到频域后进行频谱分析。若做空域处理，可采用直立图均衡和正态化、卷积核选取、跟踪球线性变换以及对比度展宽法等。这些处理的数学过程，在计算机技术中都已编制了专门的程序，并有专用软件供选取。

下面以 X 射线照片的数字化图像处理为例进行简要的说明。这些图像的信号处理包括：使用特别滤光片，以使细节清晰而不损伤射线照片的其他信息；局部反差增强技术和直方图补偿算法，以显示低反差区域内的结构；通常由于低劣的空间分辨率、有限的反差和记录介质的噪声把边缘检测问题变得复杂化，因此采用高斯差值法和最小二乘法拟合程序的后处理工作，也可进行边缘检测；此外，还有画面的合成与分解、扣除本底和与标准画面进行比较等。一般说来，图像增强和边缘检测技术是两个最主要的问题。

图 1-21 示出 X 射线照片图像处理的一般方法。首先在高分辨率条件下将原始的无损评价（NDE）图像数字化。其次，将这个数字化数据进行统计分析，结合传感器和被检构件的知识用于形成特定的图像增强和检测算法。最后，应用最佳估算方法从处理的数据中得到工程变量和已增强的图像。

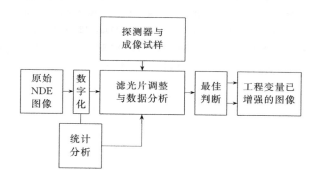

图 1-21　X 射线照片图像处理的一般方法

图像增强技术分为全程和自适应（或整个图像和局部图像）两大类。所谓全程信息处理是一种应用的算法，这种算法重新估计像素而不管其在图像中的位置。数学上这个过程可表示为：

$$O(n,m) = T\{i[n,m]\} \tag{1-16}$$

式中，T 是取输入像素 $i[n,m]$ 的某些重新估价函数，并将它重构成输出值 $O(n,m)$。T 的典型函数包括增强标准反差（选择性地增强图像增益），将一个小区域内的反差线性（非线性）地展宽成较大区域，对直方图重估，假彩色增强，将灰度级图像重构成彩色空间。

因为所有这些功能可以通过快的硬件设备和查表完成，因此，全程增强技术可以通过一个相互作用模型优化图像中的可见分量来进行。而且，通过增强一个特定的有限面积就能检测到感兴趣的区域而不改变图像中任一处的特性。

自适应增强技术是利用一个有关像素位置的变量"窗口"，以得到用于像素处理的信息。因此重构函数 T 与分析窗口的位置有关。可用于影响重构函数的局部测量涉及反差平均及其变化的计算，强度分布直方图的分析和谱幅度的测量。

进行图像边缘检测虽然有许多方法，但所有算法的基本任务是计算机如下形式的空间微分：

$$O(n,m) = \frac{\mathrm{d}}{\mathrm{d}x} \times \frac{\mathrm{d}}{\mathrm{d}y}\{i[n,m]\} \tag{1-17}$$

这既可以由有限的脉冲响应也可以由空间频域的滤波来完成。这一技术足以揭示一个不受噪声或多斑点所模糊的"理想"边缘。然而，在无损检测领域内，需要一种适用于噪声成像的方法。这个方法就是使用一个高斯滤光片，在进行空间微分前，将不同部位窗口上的像素强度归一化。通过窗口大小变化可调整边缘尺寸，此种方法可精密地测定图像边界。

X 射线工业电视计算机图像处理系统的使用，可大大提高 X 射线工业电视的成像质量，其灵敏度已优于 1%。

参考文献

[1]　孙明慧，王丽，梁文武．无损检测技术在特种设备检验中的运用研究[J]．科技风，2019，31：2
[2]　朱凯华．无损探伤技术在钢结构产品检测工艺中的应用[J]．科技风，2019，31：151.
[3]　徐丽，张幸红，韩杰才．射线检测在复合材料无损检测中的应用[J]．无损检测，2004，09：450-456.
[4]　张晓光，林家骏．X 射线检测焊缝的图像处理与缺陷识别[J]．华东理工大学学报，2004，02：199-202.
[5]　孙怡，孙洪雨，白鹏，等．X 射线焊缝图像中缺陷的实时检测方法[J]．焊接学报，2004，02：115-118＋122-134.
[6]　刘怀喜，张恒，马润香．复合材料无损检测方法[J]．无损检测，2003，12：631-634＋656.
[7]　周正干，滕升华，江巍，等．焊缝 X 射线检测及其结果的评判方法综述[J]．焊接学报，2002，03：85-88.
[8]　冉启芳．无损检测方法的分类及其特征简介[J]．无损检测，1999，02：75-80.

第 2 章
X 射线检测基础

X 射线机是工业 X 射线检测中最主要的设备，本章重点介绍 X 射线机的结构及分类、X 射线机的基本组成、工作过程、技术性能以及常见故障与使用维护；列举介绍成像系统必不可少的各种 X 射线探测器，其中，重点介绍 X 射线数字自动检测系统中主流的像增强器与平板探测器的结构与功用，并简单介绍图像采集卡、防护装置等辅助设备，最后，对目前常用的各种 X 射线成像系统做简要介绍。

2.1 X 射线机

2.1.1 X 射线检测的特点

工业 X 射线检测中使用的普通 X 射线机由图 2-1 所示的 4 部分组成：X 射线管、高压发生器、冷却系统和控制系统。

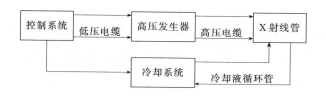

图 2-1 X 射线机结构图

X 射线机可以按照外形结构、使用功能、工作频率及绝缘介质种类等进行分类，目前较多采用的是按照结构分为以下 3 类。

（1）便携式

这类 X 射线机一般采用组合式 X 射线发生器，其 X 射线管、高压发生器、冷却系统共同安装在一个机壳中，常称为 X 射线发生器。整机由控制箱和 X 射线发生器两部分组成，两者之间由低压电缆连接，构成如图 2-2 所示。

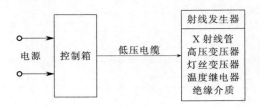

图 2-2 便携式 X 射线机结构图

采用充气绝缘的便携式 X 射线机，管电压一般不超过 350kV，管电流通常采用固定值 5mA，连续工作时间一般为 5min。由于其体积小、重量轻、便于携带，适用于高空和野外的现场作业。

（2）移动式

这类 X 射线机采用分离式 X 射线发生器，其高压发生器（一般是两个对称的高压发生器）与 X 射线管是分开的，两者之间采用高压电缆连接，构成如图 2-3 所示。为了提高工作效率，一般采用冷却效果良好的强制油循环冷却系统，因此，管电流可以提高，例如较大焦点的 X 射线机管电流可达到 20mA，连续工作时间可以延长。但它的体积与重量较大，一般安装在移动小车上，用于固定或半固定式使用场合。

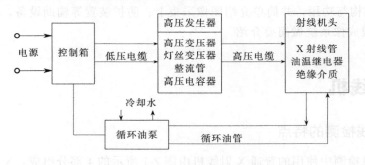

图 2-3 移动式 X 射线机结构图

（3）固定式

这类 X 射线机基本结构同移动式 X 射线机，区别仅在于工作电压更高（主要应用在 400kV 左右及以上），体积与重量更大，不便于移动而固定在 X 射线机房内，实际应用中常把它与移动式混为一谈。

2.1.2 X 射线机的基本组成

（1）X 射线管

X 射线管是 X 射线机的核心部件，在将高压发生器供给的高压电能量大部分损耗为热能的同时，辐射出控制系统设定剂量的 X 射线束。

X 射线自伦琴发现以来获得了广泛的应用，但直到现在其结构一直未有很大的变换。普通 X 射线管是一个真空度为 $1.33 \times 10^{-4} \sim 1.33 \times 10^{-5}$ Pa（$10^{-6} \sim 10^{-7}$ mmHg）的二极管，由阴极灯丝、阳极金属靶和保护其真空度的玻璃外壳构成，基本结构如图 2-4 所示。X 射线管采用的发射机理仍是热电子发射，产生的阴极电子在高电压的激励下加速，以极高的速度撞击阳极而辐射出 X 射线。

① 阴极　阴极由发射电子的灯丝（一般用钨丝）和聚集电子的凹面铜质阴极头组成。阴极形状分为圆焦点和线焦点两大类。圆焦点阴极的灯丝绕成平面螺旋形，装在井式凹槽阴极头内；线焦点阴极的灯丝绕成螺旋管形，装在阴极头的条形槽内。双焦点 X 射线管阴极头有两组灯丝，可产生两个大小不同的焦点，通过电流也不一样，以适合不同的用途。X 射线管的阴极示意图如图 2-5 所示。

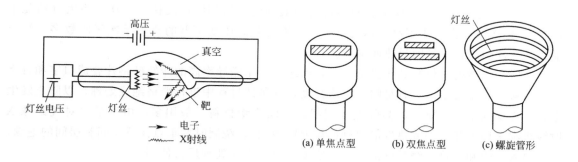

图 2-4　传统 X 射线管结构示意图

图 2-5　X 射线管的阴极

当阴极通电后，灯丝被加热，发射电子，阴极头上的电场将电子聚集成束。在 X 射线管两端的高电压强电场作用下，电子束高速飞向阳极，轰击靶面，产生 X 射线。

② 阳极　主要由阳极靶、阳极体和阳极罩三部分构成。

阳极靶紧密镶嵌在阳极体上位于电子束轰击阳极的位置。由于 X 射线机工作时，能量转换率极低，阳极靶接受高速运动的电子轰击的能量只有约 1％（100keV 管电压）转换为 X 射线，其余绝大部分转换为热能，阳极靶必须耐高温。此外，阳极靶应具有高原子序数，才能具有较高的 X 射线强度与转换效率，所以靶材料一般选用钨制作（熔点：3390～3430℃），软 X 射线管则选用钨靶。

典型的阳极体采用热导率大的无氧铜制成，在支撑靶面的同时传送靶上的热量，避免钨靶烧坏。

从阴极飞出的电子在撞击阳极靶时，会产生大量的二次电子，如落在 X 射线管的玻璃壳内壁上成为表面电荷，将对飞向阳极的电子束产生不良影响，用铜质的阳极罩可以吸收这些二次电子。阳极罩的另一作用是吸收一部分散乱 X 射线。

③ 外壳　普通 X 射线管的外壳用耐高温的硅酸硼硬化玻璃制成，灯丝导线从阴极端部穿过管壁引出，穿透玻璃壁的金属要求和玻璃有一样的膨胀系数。

由于用玻璃作外壳制成的 X 射线管对过热和机械冲击都很敏感，在 20 世纪 70 年代开发出性能优越的金属陶瓷 X 射线管。金属陶瓷管以不锈钢代替玻璃管壳，用陶瓷材料绝缘。与玻璃管壳的 X 射线管比较，金属陶瓷管结构简单，抗振性强，一般不宣破碎；管内真空度高，各项电性能好，管子寿命长；容易焊装玻窗口。250kV 以上的管子尺寸可以做得比玻璃管小很多。

微焦点 X 射线管是一类特殊结构的 X 射线管，通过圆筒式聚焦栅将灯丝发射的电子束聚成很细的一束，可获得小于 0.1mm 以下的微小焦点，管电压一般为 100～150kV，管电流仅几百微安，功率最大几十瓦。

(2) 高压发生器

移动式和固定式 X 射线机有单独的高压发生器，内有高压变压器、灯丝变压器、高压整流管和高压电容等，它们共同安装在一个机壳中，里面充满了耐高压的绝缘介质。在工作时高压发生器将工频交流电通过升压、倍压、整流后提供 X 射线管的加速电压，包括阴、阳两极所需要的稳定高压，以及阴极灯丝电压。便携式 X 射线机没有高压整流管和高压电容，其他高压部件均在 X 射线机头内。

① 高压变压器　高压变压器的结构与一般的变压器相同，其特点是功率不大（约几千伏安），但次级输出电压很高，达几百千伏。因此对高压变压器的要求是次级匝数多、线径细、绝缘性能高、不易因过热而损坏。

高压变压器的材料和制作要求很严，铁芯一般用磁导率高的冷轧硅钢片叠成口字和日字形。为保证高压变压器具有足够的绝缘强度，在制造过程中进行严格绝缘处理，以防止发生击穿。绕组选用含杂质少的高强度漆包线，层间绝缘材料一般用多层电容纸（对气绝缘 X 射线机则多用聚酯薄膜或热性能更好的聚亚胺薄膜），绕制时要重点注意匝间和层间的绝缘，不得混入灰尘和污物，绕制好的变压器需要经真空干燥处理后再使用。

② 灯丝变压器　灯丝变压器是一个降压变压器，其作用是把工频 220V 电压降到 X 射线管灯丝所需要的十几伏电压，并提供较大的加热电流（约为十几安）。由于 X 射线管的阴极处于高压之中，而灯丝变压器的初级绕组处在低压线路之中，为防止它们之间的高压击穿，必须解决初级绕组与次级绕组之间的绝缘问题，灯丝变压器必须置于高压绝缘介质之中。

工频油绝缘和恒频气绝缘 X 射线机都有单独的灯丝变压器。而变频气绝缘 X 射线机为了减少重量和体积，往往没有单独的灯丝变压器，而是在高压变压器绕组外再绕 6～8 匝加热线圈来提供灯丝加热电流，其结果是灯丝加热电流随着高压变压器的初级电压变动而变化，X 射线机只有在管子上加有一定的工作电压才有管电流。该电路设计时需妥善考虑 X 射线管的灯丝发射特性和整机工作电压及电流的相互配合。

③ 高压整流管　常用的高压整流管有玻璃外壳二极整流管和高压硅堆两种，其中高压硅堆可节省灯丝加热变压器，使高压发生器的重量和尺寸减小。

④ 高压电容　这是一种金属外壳、耐高压、容量较大的纸介电容。

高压发生器中注满的高压绝缘介质，目前主要是高抗电强度的变压器油，其抗电强度不小于 30kV/2.5mm～50kV/2.5mm。在便携式 X 射线机中，常充填 SF_6 气体，气体的气压应不低于 0.34MPa（0.5kgf/cm^2），但也不能过高，以防机壳爆裂，通常不应超过 0.49MPa（5.0kgf/cm^2）。

(3) 高压电缆

移动式和固定式 X 射线机的高压发生器与 X 射线管之间采用高压电缆连接，其基本结构如图 2-6 所示，大体包括同轴芯线、绝缘层、半导体层、金属网、保护层。

① 保护层　是电缆的最外层，用软塑料或黑色面纱织物制成。

② 金属网层　用铜、钢、锡丝多根编织，使用时接地，以保护人身安全。

③ 半导体层　在绝缘橡胶层外面紧贴的一层，外观类似橡胶层，较黑且软，有一定的

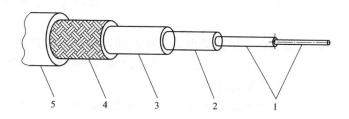

图 2-6　高压电缆结构示意图

1—同轴芯线；2—绝缘层；3—半导体层；4—金属网；5—保护层

电功能，可为感应电荷提供通道，消除橡胶层外表面和金属网层之间的电场，避免它们之间因存在空气而发生放电造成的绝缘层老化。

④ 主绝缘层　用来隔离芯线和金属接地网之间的高压。

⑤ 芯线　一般有两根同心芯线，用来传送阳极电流或灯丝加热电流，由于芯线间电压很低，故同心芯线之间的绝缘层很薄。

高压电缆在使用中最常见的故障是电缆端头处发生击穿。

（4）冷却系统

为了防止阳极靶及 X 射线管其他附件过热而损坏，除阳极靶采用耐高温材料外，X 射线管工作时还必须有良好的冷却。如冷却不及时，阳极过热会排出气体，降低管子的真空度，严重过热可使靶面熔化以致龟裂脱落，使整个管子丧失工作能力。X 射线管一般有图 2-7 所示的三种冷却方式。

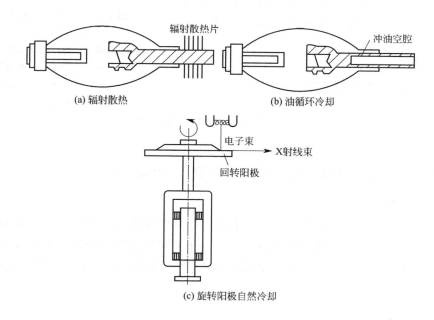

图 2-7　X 射线管的冷却系统

① 辐射散热冷却　X 射线管的阳极体是实心的，阳极体尾部伸到管壳外，其上装有金

属辐射散热片，增加散热面积，有的还装备风扇，加快冷却速度。这种 X 射线管多用在便携式 X 射线机中。

② 油循环冷却　用一油泵将专用油箱内的变压器油，按一定流量注入 X 射线管阳极空腔内冷却阳极靶，将热量带走，再以循环水冷却油箱内的变压器油，其冷却效率较高。这种 X 射线管多用于移动式和固定式 X 射线机中。

③ 旋转阳极自然冷却　在大电流的医疗用 X 射线机中，常采用一种旋转阳极式的 X 射线管，其阳极端玻璃壳外有线圈作定子，阳极根部作转子，阳极制成圆盘形，边上有斜角，这种 X 射线管的阳极靶是整个圆盘的圆周。当阳极以高速旋转时，可以很快地散去被电子撞击所产生的热。由于阳极转动非常平稳，焦点可以保持形状和位置的稳定。用旋转阳极制成的 X 射线管，不但可以得到较小的焦点，而且可以通过较大的电流。

（5）控制系统

控制系统用于操控 X 射线管的开启、关闭与保护，预置管电压、管电流、曝光时间、焦点选择等参数，以及训机操作等，一般放置于操作室内。系统结构主要包括基本电路，电压和电流调整部分，冷却和时间等的控制部分，保护装置等。基本电路如图 2-8 所示，实际电路将比这个电路复杂。

为保证 X 射线机的正常工作，在 X 射线机中设置了一系列传感器，相应地在电路中设置了继电器，此外还设置了一些保护电路，主要有保险丝、过压继电器、水压开关、气压开关、油压开关、时钟零位开关等。一旦 X 射线机出现异常情况或工作条件不符合要求，这些保护装置将动作，使得 X 射线机不能加上高压或高压被切断。

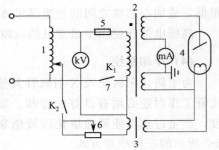

图 2-8　X 射线机的基本电路
（中点接地）

1—自耦变压器；2—高压变压器；
3—灯丝变压器；4—X 线管；
5—电源保险；6—灯丝调节器；
7—X 射线开关

2.1.3　X 射线机的工作过程

图 2-8 所示的 X 射线机的工作过程可分为以下六个阶段。

（1）通电

接通外电源，调压器带电，冷却系统同时被启动，开始工作。

（2）灯丝加热

接通灯丝加热开关，灯丝变压器开始工作，灯丝变压器的次级电压（一般为 $5\sim20\text{V}$）加到 X 射线管的灯丝两端，灯丝被加热，逸出电子并聚集在灯丝附近，X 射线机处于预热状态。便携式 X 射线机在接通外电源以后，灯丝变压器即被通电开始工作，灯丝被加热，发射电子。

（3）高压加载

接通高压变压器开关，高压变压器初级带电，其在次级产生的高压加在 X 射线管的阳极与阴极之间，灯丝发射的电子在这个高压作用下被加速后飞速轰击阳极靶，辐射出 X 射线。

（4）管电压与管电流调节

接通高压以后同时调节调压器和电流调节器，得到所需要的管电压和管电流，使 X 射线机工作在设定状态下。由电路可见，当调节管电压时，将影响灯丝变压器的初级电压，进而影响管电流，故调节时应保持电压调节在前，电流调节稍后。现在许多 X 射线机已改为高压可以预置，高压加载后 X 射线机能自动达到所需要的高压。便携式 X 射线机的管电流通常为固定值，高压加载后也不需要进行调节。

（5）中间卸载

一次透照完成后，先降低管电压和管电流，再切断高压，按照 X 射线机规定的工作方式进行空载冷却，准备再次高压加载时进行透照。

（6）关机

按照中间卸载方式卸载，经过一定的冷却时间后，断开灯丝开关，最后断开电源开关。

2.1.4 X 射线机的技术性能

X 射线机的主要技术指标为管电压、管电流、焦点尺寸、工作方式，此外还有其他一些重要指标，如辐射角、辐射量等。这些性能都直接影响 X 射线检测工作，在选取 X 射线机时应考虑上述性能是否适应所进行的检测工作。

（1）管电压

管电压是指 X 射线管承载的最大峰值电压（kV_p），直接决定了产生的 X 射线的光子能量（20eV～1MeV），因此也决定了其适宜检测的工件厚度。一般习惯将 X 射线按照光子能量分为 4 个波段，即超硬（100keV～1MeV）、硬（10keV～100keV）、软（1keV～10keV）和超软（>1keV）。管电压越高，X 射线的波长越短，穿透能力越强。在一定范围内，管电压与穿透能力有近似线性关系，不同电压适宜透照的钢材厚度如表 2-1 所列。

表 2-1 不同电压适宜透照的钢材厚度

U/kV	100	160	200	250	320	42
T/mm	约 5	约 15	约 20	约 30	约 40	约 50

X 射线机的管电压范围由 X 射线管与高压发生器决定，限制提高管电压的主要因素是高压击穿。额定设计的 X 射线管和高压系统只能工作在一定的高压范围，过高的管电压将导致阳极与阴极之间的高压击穿，或阳极、阴极与管壳之间的击穿，也可能在高压发生器中或高压电缆处发生击穿。

必须注意的是，在电工测量中，表头显示的是有效值。对于正弦波，$U_{有效值}=0.707U_{峰值}$。例如一额定管电压为 200kV_p 的 X 射线管折算为有效值应为 141.4kV，测试中不允许超过，否则容易击穿而损坏。

（2）管电流

管电流不仅与灯丝的加热电流相关，而且也与所施加的管电压相关。在一定的管电压下，X 射线管的管电流与灯丝温度的关系如图 2-9 所示，称为灯丝阴极发射特性。由图可见，对于同样的灯丝加热电流，较低的管电压只能得到较低的管电流；在较低的管电压下，如果为了得到较高的管电流而过分加大灯丝的加热电流，将会导致灯丝过热而损坏。

在一定的灯丝加热电流下，管电流与管电压之间的关系如图 2-10 所示，称为阳极特性曲线。由图 2-10 可知，当管电压较低时（10～20kV），X 射线管的管电流随着管电压增加而增大，当管电压增加到一定程度后，管电流不再增加而趋于饱和，这说明在某一恒定的灯丝加热电流下，阴极发射的热电子已经全部到达了阳极，再增加管电压也不可能再增大管电流，X 射线管工作在电流饱和区。由此可知，对工作在饱和区的 X 射线管，要改变管电流，只有改变灯丝的加热电流，即改变灯丝的温度。

通过对图 2-9 和图 2-10 所示特性曲线的分析，可以得出如下结论：X 射线管的管电流和管电压在升高压过程中可以相互独立进行调节。

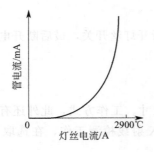

图 2-9　管电流与灯丝温度的关系曲线

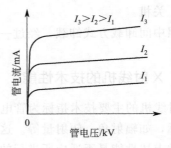

图 2-10　管电流与管电压关系曲线

X 射线机的管电流不能任意提高，例如常见的便携式 X 射线机管电流一般不超过 5mA，移动式 X 射线机的管电流一般不超过 20mA。这是由于 X 射线机的管电流除了受灯丝加热电流、管电压的限制外，还受到 X 射线管功率的限制。输入 X 射线管的绝大部分能量转化为热量，使阳极靶急剧加热，过高的输入功率将使阳极靶损坏，甚至熔化。

（3）焦点

X 射线管的焦点是阳极靶上产生 X 射线的区域。由于焦点的形状、尺寸直接影响 X 射线检测所得到的影像质量，所以它是 X 射线机的一个重要技术指标。

受到电子束撞击的阳极靶面的部分叫做实际焦点。X 射线管焦点尺寸主要取决于 X 射线管阴极灯丝的形状和大小、阴极头聚焦槽的形状以及灯丝在槽内安装的位置，如图 2-5 所示。如果灯丝为圆形，焦点也为圆形；如果灯丝为长条螺旋管形，则焦点为长方形。此外，管电压和管电流对焦点大小也有一定影响。

① 焦点的形状　国际标准化组织把常用的 X 射线机的焦点归纳为 4 种基本形状，如图 2-11 所示，有正方形、长方形、圆形、椭圆形。各种形状焦点的有效焦点尺寸 d 的计算公式如下：

正方形　　　$d=a$

长方形　　　$d=(a+b)/2$

圆形　　　　$d=a$

椭圆形　　　$d=(a+b)/2$

将实际焦点在垂直于 X 射线中心轴线上的投影称为光学焦点（或有效焦点）。在 X 射线照相中通常所说的焦点尺寸就是光学焦点，如图 2-12 所示，它总是小于实际焦点。

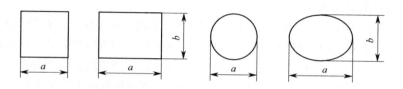

图 2-11 焦点形状

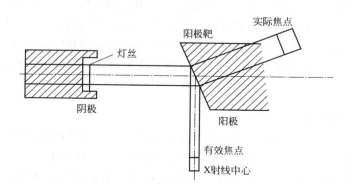

图 2-12 实际焦点和有效焦点

② **焦点尺寸的测试** 测定光学焦点的尺寸有两种方法：针孔法和几何不清晰度法。针孔法利用了小孔成像方法，适用于常见焦点尺寸的测定；几何不清晰度法是利用测量得到的几何不清晰度计算焦点的尺寸，适用于较小焦点。

对斜靶定向 X 射线管，其光学焦点面积 S_0 与实际焦点面积 S 的关系可用式（2-1）表示：

$$S_0 = S\sin\alpha \tag{2-1}$$

式中，α 为靶与垂直管轴线平面的夹角，一般 $\alpha = 20°$，所以有 $S_0 \approx S/3$。可见，有效焦点的大小取决于实际焦点的大小与角度 α 的值。

焦点大，有利于散热，可承受较大的管电流；焦点小，X 射线照相的几何清晰度好，照相灵敏度高。

（4）辐射场的分布

定向 X 射线管的阳极靶与管轴线方向呈 20°的倾角，因此发射的 X 射线束有 40°左右的立体锥角，随角度不同 X 射线的强度有一定差异，用伦琴计测量，X 射线辐射强度分布如图 2-13 所示。从图中可以看出，在 33°辐射角处 X 射线强度最大，阴极侧比阳极侧 X 射线强度高。但实际上，由于阴极侧 X 射线包含着较多的软 X 射线成分，所以对具有一定厚度的试件照相，阴极侧部位的底片并不比阳极侧更黑，利用阴极侧 X 射线照相也并不能缩短多少时间。

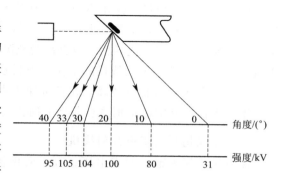

图 2-13 X 射线辐射强度分布图

（5）X 射线管的真空度

X 射线管必须在高真空度（$10^{-6} \sim 10^{-7}$ mmHg[❶]）才能正常工作，故在使用时要特别注意，不能使阳极过热。过热时阳极金属丝会释放气体，使 X 射线管的真空度降低，严重时将导致 X 射线管被击穿。实际存在的另一种情况是金属也能吸收气体，即当管内某些部分受电子轰击放出气体的同时，气体将会被电离，其正离子飞向阴极，撞击灯丝所溅射的金属会吸收一部分气体。这两个过程在 X 射线管工作中是同时存在的，达到平衡时就决定了此时 X 射线管的真空度。

真空度不够会发生气体放电现象，气体放电会影响电子发射，从而使管电流减少，严重放电也可能造成管电流突增，这两种情形都可以从毫安表上看出（毫安表指针摆动，严重时指针能打到头，过流继电器动作）。因此对新出厂的或长期未使用的 X 射线机应经严格训机后方可使用。

X 射线管的真空度可以用"高频火花真空测试仪"检查，也可通过冷高压试验确定其能否使用。

（6）X 射线管的寿命

X 射线管的寿命是指由于灯丝发射能力逐渐降低，X 射线管的辐射剂量率降为初始值的80%的累积工作时限。玻璃管一般不少于 400h，金属陶瓷管不少于 1000h。

由于 X 射线管的阳极在负荷下发热，如热量持续上升则会损坏靶面，缩短管子的使用寿命，因此，X 射线管的使用寿命对最大功率还应当有时间的限制。工业 X 射线机规定一次曝光时间不允许过长就是这个目的。X 射线管的最大功率＝最大管电压最大管电流，经常使 X 射线管的负荷处于最大功率值的状态是不利的。

X 射线管使用寿命和负载的关系如下：如果负载为正常负荷的 110% 时，则管子的寿命会减到 60%；如果负载为正常负荷的 80%，则管子的寿命可达 300%。

因此，要延长 X 射线机的使用寿命，需要采用的措施如下：

① 在送高压前，灯丝必须提前预热、活化；
② 使用负荷应控制在最高管电压的 90% 以内；使用负荷应低于满负载的 90%；
③ 使用过程中一定要保证阳极的冷却，例如将工作和休息时间设置为 1∶1；
④ 严格按照使用说明书要求进行训机。

2.1.5　X 射线机的常见故障与维护

由于制造本身质量、操作不当、维护不佳等原因，X 射线机可能发生各种故障。在日常使用中常出现的故障，主要发生在 X 射线管、高压发生器和高压电缆等部分，在低压电路中，由于元器件的损坏或老化，也会出现故障。主要故障类型及产生原因如表 2-2 所列。发生故障时应立即停止 X 射线机的工作，查明原因，排出故障。

为了减少 X 射线机的故障，在日常使用中应严格遵守 X 射线机的使用说明，认真进行各项维护工作，其中应特别注意的是下列各项。

（1）不能超负荷使用 X 射线机

X 射线机都规定了额定电压、额定管电流、工作方式（加载与冷却交替循环时间的规定），在正常开机工作时必须遵守。

---

❶　1mmHg＝133.322Pa。

⊡ 表 2-2　X 射线机常见故障

故障主要现象	主要故障部位与故障原因
毫安表指示摆动	(1)X 射线管真空度降低
	(2)高压电路中局部绝缘性降低
毫安表指示过载	(1)X 射线管漏气
	(2)高压变压器对地击穿
	(3)高压变压器层间击穿
	(4)灯丝变压器对地击穿
	(5)高压电缆击穿
高压加上后无管电流	(1)X 射线管灯丝烧断
	(2)电路存在接触不良
	(3)电路元器件失效
高压不能接通	(1)工作条件不符,保护装置动作
	(2)高压击穿,过载保护动作
	(3)电路元器件失效,电接触不良
电源保险丝熔断	(1)X 射线管漏气
	(2)高压电路击穿
	(3)低压电路存在短路或击穿

　　X 射线管的结构和高压发生器的设计等，限定了 X 射线机允许使用的最高管电压、灯丝的最高加热电流和 X 射线管的输入功率，三者共同限定了 X 射线机可能选用的管电压、管电流，图 2-14 描述了这种情况。

　　图中曲线 A 是阳极特性曲线，但它是在 X 射线管允许的最高灯丝加热电流下画出的，它给出了在不同管电压下管电流所能得到的最大值。曲线 B 是 X 射线管允许输入的最高功率，它限定了管电压与管电流积的最大值。曲线 C 是 X 射线管允许使用的最高管电压。X 射线机允许的工作区为这三条曲线围成的区域，即选用的管电压与管电流必须在这个区域中。实际上，每台 X 射线机都存在起始管电压，管电流值也比较低，所以，X 射线机真正的

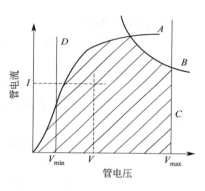

图 2-14　X 射线机工作极限曲线

工作区域，是由四条曲线围成的区域。每台 X 射线机所规定的额定管电压、管电流就是从这个图确定的，如果超出了这个限定的工作区，必然导致 X 射线机损坏。

(2) 注意 X 射线管的老化训练

　　X 射线管是一个高真空度的器件，如果真空度降低，将引起高压击穿，损坏 X 射线管。

　　X 射线管在制造过程中，管壳、电极都经过严格的排气处理，但 X 射线管内的材料，能够不断地析出气体，导致真空度降低。为了保证 X 射线管的真空度，新安装的 X 射线管，或关机一段时间再启用的 X 射线机，在开机后都应进行 X 射线管的老化训练，吸收 X 射线管内的气体，提高 X 射线管的真空度。老化训练就是按照一定的程序，从低电压、低电流逐步升压，直到达到 X 射线机的额定工作电压。不同的 X 射线机均有自己的具体规定，在老化训练中应注意观察管电流，如果在某一管电压下管电流不稳定，则应降回原管电压，重新在原管电压下工作一段时间，再升高管电压。

　　现代的 X 射线机内常安装了保护装置，其保证在未完成必要的老化训练之前，无法向

X 射线管送上高压。有的 X 射线机装备了自动老化训练程序，只要停放时间在规定的时间内，可以采用自动老化训练程序完成。

(3) 充分预热和冷却

X 射线机在开机后，使灯丝经历一定的加热时间后，再将高压送到 X 射线管，这个过程称为（开机）预热。关机前，使 X 射线管的灯丝在高压下保持加热一段时间，也简单地称为预热。X 射线机开机预热不足和关机前保持预热状态的时间不足，都将使 X 射线管的灯丝经历不发射电子与强烈发射电子状态之间的突然变化，加速灯丝的老化，减少 X 射线管的寿命。

在使用 X 射线机时还必须注意充分冷却。除了保证冷却系统正常工作外，还必须遵守 X 射线机的工作方式规定，在高压加载一定时间后必须按照规定间歇一定的时间，防止 X 射线机因冷却不足造成事实上的工作，形成超负荷的过度使用，损伤 X 射线管。

不同 X 射线机对工作方式都有明确的规定，一般都规定了允许的最长连续工作时间，同时规定了相等的高压加载时间和间歇冷却时间。便携式 X 射线机经常采用高压加载 5min、冷却 5min 的工作方式；移动式和固定式 X 射线机，由于冷却系统较好，目前市面上已经出现了可连续工作的 X 射线机，但仍然应该坚持采用相等的高压加载时间和间歇冷却时间的使用方式，延长 X 射线机的使用寿命。

(4) 日常定期维护

做好日常定期维护工作，对于保证 X 射线机长期处于工作状态和延长使用寿命都具有重要意义。

主要的日常维护工作可以分为下列 3 个方面：

① 定期校验指示仪表和清洁控制系统的元器件，保证控制系统各部分正常工作和准确地提供指示数据。

② 定期检验绝缘油、冷却油的耐压强度和充气绝缘 X 射线机的气压，如果不符合规定值，则应及时进行更换或补气。

③ 定期检验连接部分和紧固部分的状况，特别是高压电缆连接处和密封紧固螺栓，保证它们都处于良好、有效的紧固和连接状态，防止泄漏、渗入。

2.2 X 射线探测器

X 射线波长短和穿透性强的特征，使得常规的可见光探测器难以对其进行探测。一百多年以来，人们一直致力于研制新型的 X 射线探测器，以期能够在减小 X 射线剂量的前提下，获得更好的成像质量。X 射线探测器技术的发展与材料技术、微电子技术、现代信息技术以及计算机科学技术等多个学科密切相关。新型 X 射线探测器的应用，一般都伴随着新型 X 射线成像技术的出现。

X 射线探测器在接收到 X 射线后，把它转化为可测量或可观测的量，如可见光、电流脉冲等，然后转化为电信号再通过电子测量装置进行测量。所有 X 射线探测器都是利用 X 射线与探测介质作用时的各种特性，如底片的感光效应、闪烁晶体的荧光效应或物质的电离效应等进行探测的。探测器性能一般与被探测的 X 射线波段和被探测的参数（如能量、通量）等相关。

　　无论在何种成像系统中，探测器性能的好坏都直接影响到整个系统的性能进而影响到图像质量，而对于 X 射线探测器的选取，还取决于应用的特殊要求与限制。在研究具有微细组织结构的液体和固体的工业 X 射线图像时，X 射线探测器的光学转换效率、计数率、空间分辨率以及易于操作性是几个最重要的技术指标。

2.2.1　胶片

　　最早的 X 射线成像系统是通过胶片直接成像，1895 年伦琴正是使用照相胶片获得了世界上首张 X 射线透射照片。

　　X 射线胶片的结构由片基、结合层、感光乳剂层及保护层组成，如图 2-15 所示。

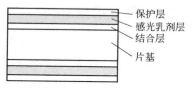

图 2-15　X 射线胶片结构

　　① 片基　透明塑料或涤纶等材料，是感光乳剂的支撑体，厚度 $175 \sim 300 \mu m$。

　　② 结合层　一层胶质膜，将感光乳剂牢固的粘接在片基上，防止在冲洗中乳剂脱落，厚度 $1 \sim 2 \mu m$。

　　③ 感光乳剂层　是胶片最重要的部分，决定胶片的感光性能，厚度 $10 \sim 15 \mu m$。其主要成分是极细的卤化银（AgBr）颗粒和明胶，受 X 射线照射时发生光化学作用，形成潜像。当胶片经过显影、定影等暗室处理后，才能成为可见的黑度不同的影像。明胶中含有微量的硫化物，对 X 射线有荧光作用，故可以起到增感作用，它还能使卤化银微粒均匀分布在乳剂中，越均匀胶片质量越好，且感光中心分布就越均匀，图像的分辨率和质感越好。明胶还具有多孔性，对水有很强的亲和力，使暗室处理时药液能均匀渗透到感光乳剂层中，完成处理。

　　④ 保护层　是一层较硬的胶质，均匀涂抹在感光乳剂上，避免乳剂与外界直接接触而被损坏，厚度 $1 \sim 2 \mu m$。

　　与可见光相比，X 射线更难被卤化银颗粒吸收，所以感光度是很低的，而且 X 射线波长越短，就越难被卤化银吸收，感光度就越低。因此，不同于仅仅是单面涂感光乳剂的普通胶片，X 射线用胶片采用双面细颗粒卤化银乳剂涂层；为了更多地吸收 X 射线能量，乳剂层厚度远大于普通型，并增大感光材料的含银量。

　　在感光过程中，感光乳剂中卤化银颗粒是单个地起作用，每个颗粒形成潜影的一个显影单位，因此，卤化银颗粒大小和颗粒度是非常重要的参数。在正常曝光范围内，可显影的颗粒数目随着曝光量的增加而增加。感光层中卤化银颗粒最小的直径仅有 50nm，大部分颗粒为 $0.1 \sim 4 \mu m$。卤化银颗粒大则易感光，胶片感光度大；颗粒小则分辨率和质感好，能显示更细微的缺陷信息。

　　胶片对 X 射线的灵敏度很低，拍照时需要很强的 X 射线能量与很高的 X 射线剂量才能获得满意的图像。随着被检测体的密度、厚度的不同，对 X 射线的衰减不同，对胶片的感光程度也就不同，于是形成 X 射线影像。

2.2.2　荧光屏

　　数字技术不是首先应用无胶片照相检验的，第一个无胶片图像装置——Fluoroscope 是在伦琴发现 X 射线几个月后开发的。该装置由一个磷光屏组成，磷光屏在 X 射线的照射下能够发光，被放置在一个观察盒中，以补偿磷光屏的亮度不足。操作者在屏的另外一侧进行观察。

20 世纪 20 年代，钨酸钙（$CaWO_4$）被发现为一种性能优良的 X 射线荧光材料，用 $CaWO_4$ 制作的增感屏，将 X 射线转换为荧光之后再曝光胶片，是提高成像系统灵敏度的有效手段。20 世纪 70 年代以后，掺铽硫氧化钆（Gd_2O_2S：Tb）和掺铽溴氧化镧（LaOBr：Tb）等掺稀土元素的荧光材料也被发现适合于制作增感屏。由增感屏和胶片组成的屏—胶系统，能够大大降低成像系统对 X 射线剂量的需求，因而至今都得到了普遍的应用。

2.2.3 图像增强器

在 20 世纪 50 年代发明了影像增强器之前，Fluoroscope 被广泛应用于检验领域。目前，X 射线图像增强器系统广泛应用于医疗透视诊断和工业 X 射线检测等领域。

(1) 图像增强器的结构

X 射线图像增强器通常制作成圆柱形，内部的真空胆中包含有许多零部件，结构原理如图 2-16 所示。对 X 射线敏感的输入荧光屏将不可见的 X 射线光子图像转换为可见光图像，可见光光子激发光电阴极发射电子图像，该电子通过几千电子伏特（keV）的电压加速并聚焦于荧光输出屏，从而又形成可见光图像。可见光图像反映了 X 射线潜影的细节情况，并且亮度得到了大大增强。该图像可通过灵敏度较高的电视摄像机系统来观察，或者通过 CCD（Charge Coupled Device）相机等数字采集系统送往计算机进行处理识别。

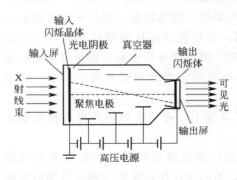

图 2-16 图像增强器结构原理图

① 输入屏 老式图像增强器的输入屏由玻璃制作而成，由于玻璃材料对 X 射线具有散射和吸收的不良影响，造成像增强器的性能下降。改进后的输入屏相对较薄（厚度为 0.25～0.5mm）的铝或钛制成，除具有较少的 X 射线散射和衰减效果之外，还具有足够的强度做成真空器件。

② 输入闪烁晶体 由于 X 射线波长短于可见光，通常的 CCD、CMOS 等均无法对其直接成像，在像增强器以及后面提到的一些线阵与面阵探测器的前端，通常需要利用闪烁晶体（晶体屏）将 X 射线转换为可见光，如常用的 NaI、CsI 和 $CdWO_4$ 等闪烁晶体。闪烁体有 4 个重要的特性，分别是吸收率、截止能、余辉、光输出和价格。吸收率和截止能取决于闪烁体的材料与厚度；余辉通常为 13ms；光输出包括激发出的光的波长，以及每个 X 射线光子激发闪烁体而发出的可见光光子的数量、光输出的均匀性；价格。这些特性决定了闪烁体的适用性能。

闪烁晶体（屏）的转换效率（X 射线光子转换为可见光子）作为一项最主要的技术指标，取决于沉积在闪烁晶体中的 X 射线量子能量 F 与入射量子能量 E 之比。表 2-3 给出了各种闪烁晶体屏的转换效率，表中数据均是在多晶屏厚 500pm 和单晶屏厚 5mm 的条件下测取的。

▫ 表 2-3　不同闪烁晶体屏的转换效率

名称	屏的材料	平均每个 X 射线光子产生的可见光子数（×10⁴）		
		5MeV	10MeV	20MeV
多晶屏	ZnCdS Ag	0.32	0.26	0.20
	BaSO₄ Eu	0.37	0.30	0.22
	CsI TI	0.50	0.40	0.30
	Gd₂O₂S Tb	0.80	0.65	0.50
	PbWO₄	1.10	0.90	0.70
单晶屏	CsI TI	46.00	38.00	29.00

对于多晶屏，闪烁材料为 CsI（掺 TI）、Gd_2O_2S（掺 Tb）和 $PbWO_4$ 的转换效率较大。但是，由于 $PbWO_4$ 仍处于实验研究阶段，因此使用最多的多晶屏是 CsI（掺 TI）和 Gd_2O_2S（掺 Tb）。目前，多晶屏可以做到 300mm×400mm 的大小，能够对大尺寸构件进行 X 射线 DR 检测。

从表 2-3 可以看到，CsI(TI) 单晶屏的转换效率最高，虽然其厚度是多晶屏的 10 倍，但转换效率是多晶屏的几十倍到上百倍。转换屏效率越高，将使 DR 系统具有最大的对比灵敏度和最大的信噪比。另外，CsI(TI) 单晶屏还有以下特点。

a. 发射光谱最强波长的光为绿光（波长为 540nm），CCD 对绿光最为敏感，因此采用 CsI(TI) 单晶屏有利于与 CCD 相机的匹配。

b. CsI(TI) 单晶屏是大面积单晶结构，在有效吸收 X 射线的同时可使后继光线的漫散射减小到最低程度。

c. CsI(TI) 晶体不易潮解。

因此，CsI(TI) 单晶屏被广泛地应用在高分辨率 X 射线 DR 检测系统中。CsI(TI) 单晶屏的缺点是：目前只能做到 $\phi200mm$ 的尺寸大小。

③ 光电阴极　首先厚度有不足 $1\mu m$ 的过渡层渗入闪烁体 CsI（Na）的表面，然后约 2mm 厚的光电阴极层再沉积在过渡层上。受到 X 射线照射的闪烁体激发出可见光光子，然后光电阴极在光电效应的作用下释放出光电子。

④ 真空管和聚焦电极　X 射线像增强器中的真空管的作用是将光电子无障碍地被加速和通过。用来加速电子的高压为 25～35kV，聚焦电极的作用是将该电子聚焦至输出闪烁体表面，大约 10^{-8}～10^{-7}A 的加速和聚焦电流使图像的信号得到了增强。输出屏图像相对于输入屏图像是倒像。另外，为了保证电子通过路径的等值，减少图像变形，输入闪烁体和光电阴极实际上是呈曲面形而并非平面。

通过改变聚焦电极的电压可以将图像放大缩小，有的像增强器具有 3 种图像输入视野尺寸。在相同的 X 射线剂量条件下，如果图像输入视野尺寸变小，图像的亮度则有所降低。像增强器还有必不可少的机械安装和真空管的保护等外部设施。

⑤ 输出闪烁体　输出闪烁体通常是由 ZnCdS(Ag)（即 P20 闪烁体）材料制作而成的，并沉积于输出屏的表面，在受到加速电子的作用下发出绿色的可见光，其典型的厚度约为 $5\mu m$，直径为 15～25mm。

⑥ 输出屏　输出屏有多种多样的设计，其中包括涂有外部防反射层的玻璃窗、光纤窗等，其设计的主要目的是将光线的散射和反射最小化。输出的结果图像可通过各种摄像机获取到监视器或计算机上观测。

如果 50kV 的 X 射线光子被输入屏接收，通常在输出屏上可产生约 200000 个光子的光脉冲输出。

（2）像增强器的性能参数

① 亮度　是由图像的缩小倍数和电子的加速通量的综合效果决定的。

a. 缩放倍数。由于电子从相对较大的光电阴极出发被聚焦到相对较小的输出闪烁体区域，从而造成单位区域内电子个数的增加，进而影响图像的亮度。缩小倍数的值由输入闪烁体的直径与输出闪烁体直径的比值的平方表达，即面积之比：

$$缩小倍数 = \frac{(输入闪烁体的直径)^2}{(输出闪烁体的直径)^2}$$

b. 通量。通量的值取决于输入闪烁体到输出闪烁体之间的电子的加速度，该值由施加的电压大小来决定。

② 转换因子　由于亮度值难以测量，从而不能有效地衡量像增强器的性能。相对较容易的可测量参数为转换因子，它对图像增强器的性能比较和判断像增强器是否超期都非常有用。转换因子与像增强器的亮度输出和 X 射线曝光输入有关，亮度的输出由光度计测量。X 射线的曝光量由 X 射线的电离室电离效应来测量，转换因子可表示为：

$$缩小倍数 = \frac{(输出闪烁体的亮度)^2}{(输入的空气克马率)^2}$$

转换因子的典型值为 $7.5 \sim 15 cd \cdot m^{-2}/nGyS^{-1}$ 或更高。

像增强器的图像较暗，家用灯泡的亮度约为 $1067.5 \sim 15 cd \cdot m^{-2}$。因此该绿色光的输出需要较暗的环境直接观察测量或用灵敏度高的摄像机来远距离观察测量。

③ 对比度　该参数主要表述像增强器在较大区域中图像的反差性能。因几种散射效果的存在，使 X 射线本来穿不透的物体，在图像中不是完全未穿透。对比度可通过一铅质盘图像的照度值与无铅盘图像的照度值的相关性来测量。为了标准化的目的，铅盘的尺寸应为视野尺寸的 10%，并沿着视野的中心放置，其表达式为：

$$对比度 = \frac{无铅盘时的中心照度}{中心有 10\% 铅盘时的照度}$$

对比度的典型值为 $20 : 1 \sim 30 : 1$ 或更高。对比度的影响因素主要包括以下几个方面：

a. 输入屏的 X 射线散射；

b. 输入闪烁体的 X 射线散射；

c. 输入闪烁体的可见光散射；

d. 电子聚焦中的电子散射；

e. 输出闪烁体的可见光散射；

f. 输出屏的可见光散射。

综合这些散射的效果称为眩光（Veiling Glare）。一般认为输出闪烁体的散射是眩光产生的主要原因，实际上，输入部分的影响也很明显。

（3）空间分辨率

该参数可通过铅质的条形测试卡来测量（称之为分辨率测试卡）。分辨率卡有很多种，图 2-17 所示是常用的几种分辨率测试卡示意图。以图 2-17(a) 的阵列式条形分辨率测试卡为例，黑条代表铅条，铅条的宽度和两铅条之间的空间宽度相等，两者组成线对。铅条两边用低 X 射线吸收率的塑料材料封装起来。把分辨率测试卡放在输入屏，用较低电压（kV）的 X 射线成像后，能分辨的最高空间频率就是系统的测试卡分辨率指标，即每毫米的线对数。

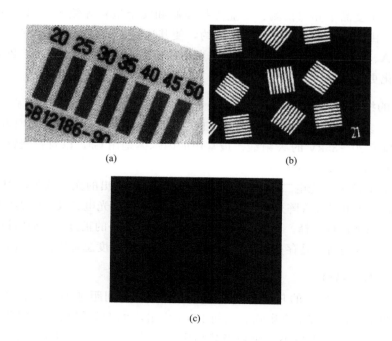

图 2-17 空间分辨率测试卡

因为空间分辨率在图像边缘时受聚焦效果的影响有所下降，通常以视野中心为其标称值（即最佳空间分辨率）。像增强器的分辨率要低于胶片。

（4）空间的不均匀性

由于像增强器在视野内的不同区域具有不同的亮度增益，均匀物体的图像中心区域的亮度较周边区域通常高。这种效果也被称为晕影，但在无损检测时并不作为主要的性能评价参数。

（5）空间失真

所有的像增强器在视野中的不同区域的图像放大倍数不可能相同，因此像增强器就不可能完全真实地再现工件的空间关系，"枕形"失真是最主要的。但随着像增强器技术的进步，只要其周围磁场不大，几何失真在大部分情况下可以忽略。

2.2.4 线性二极管阵列

线性二极管阵列（Linear Detector Array，LDA）是利用 X 射线闪烁晶体材料，如单晶的 $CdWO_4$ 或 CsI(TI) 直接与光电二极管相接触制作而成的 X 射线线阵探测器。单晶体被切成很小的小块，形成图像中离散的像素。LDA 典型的构成是荧光层（一般由磷组成，如钆氧硫化物），这层荧光被涂在光电二极管的单一阵列上。被检测的对象以恒定的速度，对准 X 射线束移动，X 射线穿透被检测对象到达荧光屏，产生的大量光子撞击屏幕发射出明亮的可见光线，通过光电二极管将这些光线转化为电子信号，图像处理器将电信号进行数字化，累积的数据线被组合成传统的二维物体的图像，显示在计算机显示器上。

20 世纪 80 年代，LDA 主要用于医疗目的的计算机断层扫描系统（CT），目前，该技术已经被广泛应用于食品中异物检测、工业无损检测和安全检查等领域。LDA 正朝着快速扫描的方向发展,由于已经没有瓶颈问题的制约,使其达到了很高的发展水平。另外廉价的可编程器件 FPGA、DSP 和逻辑电路的应用,为高性能探测器的出现创造了必要的条件,针对具体应用优化更加容易。

(1) LDA 的组成结构

① 闪烁体 多数 LDA 使用闪烁体将接收的 X 射线转化成可见光,这是因为一般的光电二极管无法适应高于 30~35kV 的 X 射线。最常用的闪烁体是用 Ga,以及钨酸镉(CdWO$_4$)和掺有铊的碘化铯 [CsI(TI)] 做成的。

② 光电二极管阵列 光电二极管阵列用来测量闪烁体发出的光的数量,闪烁体安装在光电二极管的表面。光电二极管阵列可以制作成几何任意形状,光电二极管的类型应根据所用的闪烁体和 X 射线源来进行选择。光电二极管的像素并不是严格的正方形,通常设计的高度和间距相等,每两个像素之间总是存在死区,也就是说,像素的宽度总是要比其间距稍小一点。

(2) LDA 的性能特性

① 空间分辨率 由像素的几何形状尺寸所决定。像素间距越小,分辨率越高,另外被检测物体本身也对空间分辨率有影响。当前 LDA 中最小的像素间距可做到几个微米,但问题并不是像素尺寸不能做得更小,而是当减小像素尺寸时,用于产生信号的 X 射线的量也会相应地减小。

② 动态范围 指探测器可以辨别的 X 射线(灰度等级)的量级范围。动态范围(RMS)定义为信号的最大值与 RMS 噪声信号的比值。大部分情况下简单地用模数转换(ADC)分辨率(输出的位范围)表示。然而,实际的动态范围要小,校准也会减小动态范围。多数商家供应的 LDA 的数模转换器的分辨率为 8~14bit,但实际动态范围比这个值小。

(3) LDA 的特点与应用

LDA 一个明显的优点是几乎可以被制作成任何尺寸,阵列从几英寸到几英尺长。除了普通的直线形外,还有 L 形、U 形或拱形等。行李扫描仪是使用 L 形排列,工业 CT 扫描仪则以直线形和拱形为最常见。

由于扫描时将 X 射线严格地准直后扇形出束,故可以有效地抑制 X 射线散射的干扰,可以获取高质量的数字图像。在低能 X 射线下图像质量好,在高能 X 射线下,由于像元大,分辨率低。

缺点是单个线性二极管尺寸不能做得很小,因此在高速扫描时,精度会降低以及检测小试件受到限制。

2.2.5 影像板

20 世纪 70 年代,科学家们发明了 CR 技术,CR 系统的关键部件是可重复使用的存储屏,又称为影像板(Imaging Plate,IP),它是一种既可以接受模拟信号,又能实现模拟信号数字化的载体,在成像过程中存储隐藏的 X 射线或 γ 射线能量的图像。当 IP 被激光以特殊的频率扫描时,释放出与曝光量等比例的光线,在扫描的同时,该光线被光电二极管阵列采集,并且将其转化成数字值,经过优化处理后,以二维图像显示在计算机的屏幕上,存储在板上的图像被删除,因此该存储板能够被重复使用几千次。

（1）IP 结构

作为 CR 系统的重要器件，IP 承担着信息采集和记录的作用。IP 结构如图 2-18 所示，主要由以下几部分组成。

① 保护层：一般采用聚酯树脂类纤维制成高密度聚合物硬涂层，厚度大概为 $0 \sim 10\mu m$，由于保护层会引起辐射信号的衰减，因此不同用途的影像板有不同厚度的保护层，在弱辐射探测中可以使用不带保护层的影像板。保护层可防止荧光物质层免受损伤，保护影像板耐受机械磨损，免于受化学清洗液腐蚀，使其耐用性高、使用寿命长。在使用阅读器处理影像板时应注意不要强力弯曲以保障其寿命。

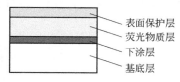

图 2-18　影像板结构简图

② 辉尽性荧光物质层：通常厚约 $50 \sim 180\mu m$，由辉尽性荧光物质与多聚体溶液混匀，均匀涂布在基板上，表面覆以保护层构成。

这种感光聚合物具有非常宽的动态范围，对于不同的曝光条件有很高的宽容度，在选择曝光量时可以有更多的自由，从而可以使一次拍照成功率大大提高。在一般情况下只需要一次曝光就可以得到全部可视的判断信息，而且相对于传统的胶片法来说，它的 X 射线转换率高，需要的曝光剂量也大大减少，可少至传统胶片法的 $1/5 \sim 1/20$。

③ 基底层（支持体）：它既是辉尽性荧光物质的载体，又是保护层。多采用聚酯树脂做成纤维板，厚度在 $200 \sim 350$ pm。基底通常为黑色，背面常加一层吸光层（图 2-18 中的下涂层）。

（2）IP 的特点与应用

当荧光物质初次被 X 射线激发时，将能量信息以潜影的形式保存下来；当遇到第 2 次激发时，再将潜影信息以荧光的形式释放出来。这种现象称为光致发光，这种荧光物质叫做辉尽性荧光物质。

IP 的优点是可弯曲、便携和直接代替胶片；缺点是需要一个中间步骤，即把隐藏在板中的信息读取出来，以便显示和解释。但是和胶片不同，读出时间少于 1min，也没有化学药品和化学废物。

2.2.6　平板探测器

平板（Thin Film Transistor，TFT）探测器出现于 20 世纪 90 年代，并首先应用于医学领域，然后才转移到无损检测领域。该装置是由非常好的基于薄胶片半导体探测器组成以像素表示的棋盘状二维阵列，每个像素的宽度和长度以人的头发的尺寸为单位，当 X 射线曝光时，每个像素采集和存储电荷，且每个像素都可被数字化，因此以二维图像显示在显示器上，如图 2-19 所示。

根据 X 射线能量的转换方式与电荷的采集方式不同，平板探测器分为间接转化式非晶硅板和直接转化式非晶硒板两种，如图 2-20 所示。

非晶硅板的结构采用了 X 射线闪烁体加光敏二极管模式，如图 2-20(a) 所示，它的闪烁体层通常采用掺铊的 CsI 晶体，用于将接收到的 X 射线光子转换为可见光，可见光沿着碘化铯针状晶体传到光电二极管上，光电二极管由于光的照射而产生电流，这个电流在光电二极管上积累而形成电荷。电荷量正比于对应该光电二极管的范围内入射的 X 射线剂量，就完成了将光的剂量信息转变成数字信息，一个光电二极管所占范围就是构成整幅影像的最小像素单元。采用闪烁体层一个潜在的问题在于转换光的扩散降低了图像的锐利度和空间分辨率。为了解决这个问题，一些间接转换探测器应用了单晶针状 CsI 晶体，与探测器表面垂直排列，单晶体的直径大约为 5~10μm。转换光在针状单晶体中形成全反射，大大降低了闪烁体对光的扩散，而光扩散的降低反过来允许使用较厚的闪烁体层，由此也就提高了探测器系统的量子探测效率。

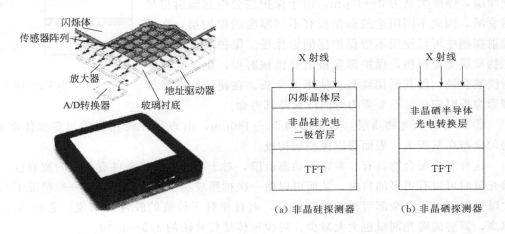

图 2-19　X 射线平板探测器　　　　　图 2-20　两种平板探测器的结构简图

非晶硒平板探测器的结构简图如图 2-20(b) 所示，它包括一个非晶硒半导体 X 射线光电离层，由于该硒层能够直接将光电子转换成电子而无需荧光物。X 射线光子与非晶硒半导体层作用产生电离电荷，这些电荷直接聚集在 TFT 集电极，经电荷放大器输出。非晶硒具有极好的 X 射线探测性质，并且具有非常高的空间分辨率，所以得到广泛使用。为了提高非晶硒半导体层探测效率，减小电离电荷在半导体中的渡越时间，每次曝光之前，要在非晶硒层加上一定的反向偏置电压。X 射线曝光时在电场作用下，硒层内产生的离子对以接近垂直方向传输到硒层的两个表面，不存在光的扩散。电子聚集于 TFT 的集电极，并在此被存储直到被读出。

平板探测器有共同的和独特的优点，因为它们的尺寸很大（如 500mm×500mm），能够快速照射很大的范围，另外它们获取图像都不需要中间过程，因此很容易集成机器人操作系统。这两种平板的动态范围宽、空间分辨率高。非晶硅探测器独特的优点是比非晶硒产生图像的速度快。事实上，非晶硅能以很快的速度产生和读取图像，其速度足以被用作生活录像（动态和实时）。理论上讲，对于同等像素尺寸，非晶硒比非晶硅探测器精度高，因为在 X 射线光电子转化为信号时，不产生散射现象（拖影）。这些系统的缺点是，它们都是复杂的电子装置，价格奇高，在使用和搬运过程中必须十分小心，而且使用环境要求苛刻。

因为平板探测器是直接数字 X 射线成像系统中最核心的部分，它的特性决定了这个系统的成像质量。影响平板探测器性能的因素主要有以下几个方面。

① 探测器尺寸。为了满足实际检测的要求，平板探测器的面积应足够大。对于较大的检测对象，可先摄取多个单幅图像，然后再将其拼接起来构成最终的全拼图影像。

② 像素尺寸和空间分辨率。平板探测器空间分辨率是由探测器像素单元尺寸决定的，包括 TFT 集电极和 TFT 的尺寸以及这些组件间距的大小。平板探测器空间分辨率大多在 2.5~3.6lp/mm（对应于探测器像素单元大小为 139~200μm，像素矩阵为 2000μm×2000μm~3000μm×3000μm），但在一些特殊的应用中，如在医学乳腺 X 射线摄影，需要更

高的空间分辨率，此时，探测器像素不超过 $100\mu m$。探测器组件的尺寸和距离仅仅提供了系统的最大空间分辨率，由于光的散射或电荷的扩散，探测器的有效空间分辨率会有所损失，但对于直接转换探测器，有效空间分辨率接近最大空间分辨率。

③ 填充因子。以 TFT 作为信号读取机制的平板探测器的几何填充因子就是像素存储电容所占的像素区域面积的倒数。像素越小，几何填充因子越低，这是由于就成像像素而言存在一个最小的尺寸，因此，分辨率越高其几何填充因子就越低，从而量子探测效率就越低，分辨率与量子探测效率相互制约。

④ 量子探测器效率（Detective Quantum Efficiency，DQE）。探测器系统对 X 射线量子探测的效率可由量子探测出效率这一物理参数来描述。量子探测效率的大小取决于许多因素，主要包括探测器本身的性能、线质（KV）、曝光量以及成像物体的空间频率的大小。由于对 X 射线光子的探测总是不完全的，故量子探测效率必定小于 1。量子探测效率用来评价光成像系统究竟能把多少 X 射线能量转化为有用信息，即信息的利用率，它是成像质量的基本量度，这个值越高，X 射线的转化效率就越高，图像的信息利用率就越大。

⑤ 附加噪声。平板探测器系统的附加噪声的主要来源是 TFT 自身的热噪声、预放大器的噪声以及线噪声。降低 TFT 平板探测器系统噪声有多种方法，如 Antonuk 等人的无响应像素的复合排列方法降噪。通常而言，各个品牌不同型号的平板探测器在出厂时均配备有专用的自校正降噪软件。

⑥ 数字图像文件的大小。应用平板探测器所得的图像尺寸的大小取决于灰阶分辨率和像素矩阵的大小。一幅图像的大小通常为 8～18MB。为了减小图像大小，提高图像传输效率，一些生产厂家将生成图像进行后处理，生成感兴趣区（如图像分割和清除无用的图像边界），这样可以将少量的数据传输到了存储器系统中。

⑦ 平板探测器由于其制造工艺的限制，必然存在坏像素点，有时甚至会出现坏线，这些无法正常工作的像素都会影响到最终的图像质量。由于坏点与坏线像素随机分布，且数量很少，通过图像处理，把坏像素与有用像素信息一起进行插值运算，图像显示往往很难察觉。然而，一旦这些无用像素太多，或局部过于集中，则整体或局部图像的质量就会变差。Floryd 等人于 2001 年发现在一个平板探测器中大约存在 0.1% 的无用像素。就现行的数字化 X 射线摄影探测器而言，CCD 的性能不如基于 TFT 技术的非晶硅平板探测器的性能。在业界通常使用 DQE 值来衡量和比较不同类型的平板探测器的成像质量以及不同的 X 射线成像系统的图像质量。

2.2.7　CMOS 线性阵列

如大多数数字技术一样，数字 X 射线是一种快速发展的领域，每年都有新的探测器进入市场。一个例子是：互补金属氧化硅（CMOS）线性阵列，类似线性二极管阵列，该装置采用多元件的单一纵向阵列，但是每个元件有它自己的独立的读出放大器。为了避免 X 射线直接照射对内置的电子影响，元件被屏蔽起来，通过光纤束连接到对 X 射线灵敏的荧光部位。互补金属氧化硅元件将发射的光信号转换成数字电子信号，然后显示在监视器上。

和线性二极管阵列一样，该技术也是柔性很大，阵列的范围从几英寸到几十英尺长，然而与传统的线性二极管阵列相比较，互补金属氧化硅线性阵列提供更高的精度和空间分辨率。因为互补金属氧化硅要求探测器与被测对象之间相对运动，成像时间一般不像非晶硅探测器那么快，但是比非晶硒速度快。

2.3 常用 X 射线检测系统

应用于工业领域的 X 射线无损检测系统主要有传统的荧光透视成像系统和胶片（或屏-胶）成像系统，以 CR 成像系统、DR 成像系统和 CT 系统为代表的数字化 X 射线成像系统等。目前，只有 DR 成像系统具有实时性。

2.3.1 荧光透视成像系统

第一代荧光透视成像系统接收器是一块平板荧光屏，由 X 射线管发出的 X 射线穿过被检测物体后投射到荧光屏，荧光屏将入射的 X 射线能量转换成可见光。由于物体不同的部位对 X 射线的衰减不同，所以穿过物体体后的 X 射线强度也不同，可以在荧光屏上看到与物体内部结构对应的明暗阴影，检测人员可以从荧光屏观察物体的内部缺陷与结构。

2.3.2 胶片成像系统

X 射线胶片成像无损检测方法已经有上百年的历史了，它是应用最广泛和最基本的检测方法，目前在实际应用中仍然占有主导地位。胶片摄影与 X 射线透视最大的不同在于用摄影的胶片替代透视的荧光屏，入射的 X 射线在胶片上形成潜影，然后经过显影、定影处理将影像固定在胶片上。由于直接使用 X 射线对胶片曝光效率比较低，在实际应用中使用屏-胶系统作为成像系统的接收器，这种接收器是由涂上感光乳剂的胶片和与它紧密接触的一个或两个荧光增强屏组成的。

无论是胶片直接成像还是屏-胶结合成像，最终都是通过胶片记录 X 射线图像，统称为胶片成像。胶片成像的分辨率由具有感光特性的卤化银晶体尺寸决定，相比于数字化 X 射线摄影方式，它的最大优点是可以获得更高的空间分辨率，所以在一些对分辨率要求较高的场合，仍然习惯使用胶片以观察更加细微的缺陷与结构信息。

胶片成像从根本上说是一种模拟成像技术，在摄影过程中需要严格掌握曝光的强度，因为记录仪的动态范围很小，在胶片上形成的影像很难做进一步的处理。而且，为了获得照片必须使用暗盒与成套的冲洗设备，操作过程也比较复杂。

胶片成像最大的缺点是不能满足实时成像、实时检测与评估的要求。其次，胶片作为一种昂贵的银基影像载体，仅仅使用一次，对于内部结构错综复杂的产品，需要使用大量胶片在多个方位下拍片后人工判读，检测周期长，成本高。而且，冲洗过程费时费事的同时还使用必须放弃的危险化学物质。在胶片的保存和管理上，又受保存年限的限制并且不像电子档案那样易于交换和管理。

2.3.3 CR 成像系统

20 世纪 70 年代，菲利浦公司开发出了成像板（Imaging Plate，IP），但没有应用到 X 射线机上。直到 1981 年，日本富士胶片公司率先研制开发出用于 X 射线成像的 IP，CR 技术才应医学上的需求而发展起来，首先实现了 X 射线的数字化成像。因此，不管是在国外还是国内，医学上对其研究和应用得比较多，如 CR 技术图像处理技术研究、CR 技术在人体骨骼与乳腺检测上的应用等。近年来，由于制造成像板技术的提高，使得 CR 成像技术快速发展，其实际应用范围越来越广，特别是在医学上，已基本取代胶片照相。

由于检测对象的不同，X 射线 CR 技术在工业上的应用要落后于其在医学上的应用，随着 CR 技术的发展，如通过各种技术手段和优化处理方式（如 IP 中磷光物质颗粒度越来越小、CR 扫描仪性能越来越好）提高 X 射线 CR 成像质量，使之与胶片成像质量更为接近。在国外逐步将 CR 技术引入工业领域，欧洲在 2005 年颁布了 CR 工业检测标准——EN 14784 标准，美国也在 2005 年颁布了 ASTME 2445 和 ASTME 2446 标准，为 CR 技术工业检测应用提供理论规范指导，保证 CR 实际工业检测的成像质量。

目前，国外使用的 CR 成像设备品牌有日本的 FUJI（富士）与 KONICA（柯尼卡）、德国的 AGFA（爱克发）、美国的 KODAK（柯达）与 GE（通用）。其中，富士公司的技术和质量以及销售量均占有主导地位，几乎垄断了国际市场。

在国内，CR 技术在工业上的应用与国外相比还有较大的差距。2008 年 5 月起草了计算机 X 射线照相系统的长期稳定性与鉴定方法（GB/T 21356—2008）和计算机 X 射线照相系统的分类（GB/T 21355—2008）两项标准，而这两项标准大部分是借鉴了 ASTM 有关 X 射线 CR 技术的规定。国内还没能力自行生产工业 CR 扫描设备及 IP，仍然依赖于从国外进口，从而限制了 CR 技术在国内工业检测中的应用。

国内一些研究单位也正在积极研制 CR 扫描设备及相配套的 IP，不少学者探索着 CR 检测技术在航空航天、特种设备、管道对接焊缝、平板对接焊缝上的应用。不少高校及研究院也正进行 CR 技术在工业领域应用的实验研究，但还没真正推广到实际应用领域。

CR 成像系统主要由四部分构成：以影像板为主体的信息记录和采集单元、影像扫描读取装置、计算机图像处理单元和存储器件。图 2-21 所示是对一平板工件焊缝检测的 CR 成像系统结构简图。

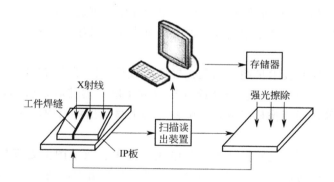

图 2-21　CR 成像系统结构简图

X 射线 CR 系统成像的基本原理是：当 X 射线束经过工件衰减后，以不同强度照射在 IP 上，形成潜影信息，完成 X 射线能量信息的存储；然后将影像板送入计算机 X 射线激光扫描仪中进行扫描读取，使存储信号转换成荧光信号，再用光电倍增管转换成电信号，经 A/D 转换后，输入计算机处理，形成高质量的数字图像，数字图像在计算机中进行图像处理后输入存储器保存起来。经读出器扫描读取后的影像板还有部分残余信息，在重新使用影像板前，可用擦除器中的强光将残余信息擦除。其中，作为关键过程的影像板扫描成像过程如图 2-22 所示。

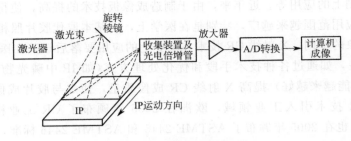

图 2-22　IP 扫描成像过程示意图

目前 A/D 转换的精度已经很高，位数可高达 20 位，转换速度也比较快，转换时间一般为 $10\mu s$，最快的不超过 1ns。所以 IP 的信噪比可以与完美的增感屏-胶片系统相比拟。IP 的最显著的特性是具有很大的动态曝光范围，在这个范围里可以得到恒定的量子探测效率值（DQE）。此外，CR 系统以其影像板动态范围大、灵敏度高、系统空间分辨率高、影像板可弯曲、承受高能 X 射线的能力强、系统易实现等特点引起人们的重视。

但是，CR 成像仍然不是一种实时数字成像，成像过程中需要将 IP 取出后送入读出装置。读出装置依赖于激光扫描方式，存在机械移动误差和激光散射等问题，从而降低了成像质量和工作效率。

2.3.4　DR 成像系统

X 射线数字成像 DR 检测系统是在透视成像检测基础上发展起来的，是利用数字化技术，将透射图像转换为便于计算机处理的数字图像，而后进行图像处理分析和识别，得到检测结论。根据成像器件的不同，DR 检测系统分为基于图像增强器的检测系统、基于转换屏的成像检测系统、线扫描 DR 成像检测系统以及近几年发展起来的基于平板探测器的 DR 成像检测系统。工程应用中，基于像增强器的 DR 成像检测系统由于其便于集成、性价比最佳而居于主流地位。

X 射线实时成像检测技术早期采用荧光屏实时成像。20 世纪 70 年代后，图像增强器 X 射线实时成像系统进入我国。X 射线穿透材料后被像增强器接收，将不可见的 X 射线检测信号转换为光学图像，经摄像机摄取，在电视屏幕上显示出材料内部缺陷的性质、大小和位置等信息。

照相技术、X 射线可见光转换技术、光电成像技术、数字图像处理技术的发展和渗透，尤其是 20 世纪 80 年代初，工业 X 射线电视及工业 CT 的出现，使 X 射线成像检测发展到了一个全新的时代。此后，国内一些大型企业引进了多达几十套的国外 X 射线实时成像检测系统，用于人工判读的产品在线检测。随着电子及计算机技术的发展，从国外引进的图像增强器 X 射线实时成像系统普遍增加了图像处理功能，即摄像机输入的视频信号经 A/D 转换后输入计算机进行图像处理，在显示器上显示图像。随着数字图像处理技术和实时成像技术在 X 射线成像检测技术中的应用，X 射线数字成像检测技术日趋成熟，它能实时获取被检产品内部结构的图像，方便地提取图像和被检构件信息特征。

如前言中介绍，国外 Yxlon、GE 等公司在低能 X 射线（450keV 以下）研制了多种 DR 成像系统。目前，低能 DR 检测系统的检测灵敏度对中等厚度物体的检测已接近 X 射线照相水平，其微细分辨率达到微米级。20 世纪 90 年代以后，国内 X 射线实时成像检测技术也得到了快速发展并在一些简单结构体的检测中得到应用。近年来，随着计算机主频速度的不断提高与存储器的扩展，可以预置程序的多轴控制卡与伺服直连电机的商用化，一些大学与研究所相继研制出较为先进的改进型 X 射线 DR 成像检测系统与 X 射线实时成像处理软件。

如图 2-23 所示系统是中北大学于 2004 年自行研制的在国内具有代表性的新型开放式 X 射线实时 DR 成像检测系统。该系统主要由 X 射线室和控制室两部分组成，X 射线室中主要安放成像系统：X 射线源、四轴（前后、左右、上下、旋转 4 个自由度）开放式检测工作台、X 射线像增强器（成像器件可以根据实际需要更换为线阵探测器、平板探测器等）；图像采集系统、计算机图像处理单元、输出设备、监控系统以及对 X 射线源、像增强器和四轴检测工作台的机电驱动与控制主要在控制室完成。

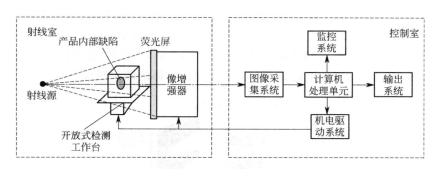

图 2-23 开放式 X 射线实时 DR 成像检测系统组成框图

被检测工件由四轴检测工作台上的专用夹具装持，根据工件内部具体检测位置与方位的要求，计算机控制四轴检测工作台作平移或旋转调整，直到工件内部被检测目标能清晰呈现在 X 射线图像中。

由于物体内部构件的厚度与密度的不同，对 X 射线强度产生不同的衰减，形成具有不同能量分布的透照 X 射线图像，再经闪烁晶体屏转换为可见光图像，像增强器将这个携带了工件内部结构信息的可见光图像增强放大后输出给后续数字采集电路，转换为数字图像，最终送往计算机进行分析处理并输出检测结果。

作为一种真正意义上的数字 X 射线成像技术，该系统具有以下特点。

① 可以实现实时成像、实时检测与同步监控等。

② 成像精度高、动态范围大；灵敏度较低、空间分辨率相对较差。

③ 对于机械系统的控制，只需要计算机传送远程控制命令，通过内部预置有机械控制指令的多轴控制卡实现对机械系统的精密操作，控制四轴检测工作台实现对工件的前后、左右、上下平移，旋转等操作从而实现对工件的全检测。

④ 把工人操作控制室与 X 射线成像系统分离开来，很好地起到对 X 射线的辐射防护。

X 射线 DR 检测技术已成为当今工业无损检测领域中重要的检测技术之一，且作为一种实用化的检测手段，广泛应用于航天、航空、军事、核能、石油、电子、机械、新材料研究、海关及考古等多个领域，特别是在实现生产线大批量产品检测中得到了广泛的应用。

2.3.5 CT 成像系统

(1) 概述

工业 CT（Industrial Computed Tomography，ICT），即工业计算机层析成像技术，是

由被检工件不同方向的 X 射线投影重建工件断层图像的一种技术，能够给出工件内部的密度、有无缺陷、缺陷的大小、形态及空间位置等信息。与 DR 图像相比，CT 图像更能准确判读构件内部的结构状态。

20 世纪 70 年代初，国际上首台 CT 由英国 Houndsfield 教授的团队研制成功，并应用于人体头部检查，开创了医学诊断的革命。由于他们的成就，Houndsfield 教授和美国的 Cormack 教授一起，获得了 1979 年的诺贝尔生理学奖。其后，CT 技术获得蓬勃发展和广泛应用。70 年代末期，随着科学技术的发展，各工业领域的科学家意识到 CT 作为工业无损检测手段的可能性、重要性、迫切性及发展前景，发达国家竞相开展 CT 技术的工业应用研究。从 20 世纪 70 年代末期到 80 年代中后期，工业 CT 的研制大体上经历了从实验装置、低能 X 射线工业 CT、中能 YX 射线工业 CT、高能电子直线加速器工业 CT 的过程。

图 2-24 所示是 X 射线 DR 检测系统，一次拍摄可得到工件的一个二维投影。如果控制该系统的四轴检测工作台做高精度间歇式旋转，获取物体在 360°范围内一系列不同角度的二维投影后，采用相应的图像重建算法，即可重建出物体的断层图像。

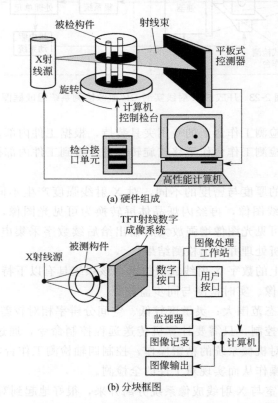

图 2-24　基于数字平板探测器的 X 射线 DR 检测系统

图 2-24 是中北大学在图 2-23 系统的基础上研制的在国内具有代表性的基于平板探测器的 X 射线工业 DR/CT 系统。其中图(a)为成像系统的基本硬件组成单元模型，图(b)为该系统的分块框图。该成像系统仍然主要包括 X 射线源、检测工作台、平板探测器、图像处理工作站及机械控制等几部分。

（2）重建算法

CT 重建算法是 CT 系统中的核心部分，采用不同的重建算法对相同的投影数据重建出的 CT 图像效果不同。迄今，不管对二维 CT 重建还是对三维 CT 重建，滤波反投影是最常用的算法，该算法重建图像质量高，主要由乘加运算实现，易于做成硬件，设计成流水线作业方式的专用图像处理机。尽管如此，关于算法的研究却从未停止过，每年至少有上百篇论文涉及 CT 的算法问题。二维图像重建算法多达十几种，大致可分为变换法和迭代法两类。变换法（即解析法）是以 Radon 理论为基础，基本含义是：任何二维分布能够通过其分布的多组线积分得到重建。迭代法是通过对初始假定图像进行数学迭代运算重建二维图像，这种算法主要用于有限投影数据重建。三维 CT 图像重建技术自 CT 广泛应用以来一直是人们研究的课题，可分为多幅二维 CT 图像堆积三维图像的重建技术和直接从二维投影数据重建三维图像的所谓真三维 CT 重建技术。

① 二维图像重建　1917 年，奥地利数学家 Radon 提出了二维物体分布与其一维投影之间相互联系的积分方程，给出了它们之间的变换方法（即 Radon 变换和逆变换），从而奠定了图像重建的数学理论基础。Cormack 在 1964 年研究了用线积分表示函数的方法及其在放射学中的应用，提出了实现 Radon 逆变换近似实用算法，并在简单的模拟装置中得到了应用。在 1971 年英国 EMI 公司研制出世界上第一台 CT 扫描机之后，图像重建算法研究更加活跃，可以说至今基于 Radon 变换的图像重建算法已基本形成了一个比较完整的理论体系。

傅里叶变换图像重建算法是基于投影定理（或中心切片定理）为基础的，即某图像在某个视角下的一维傅里叶变换是该图像傅里叶变换的一个中心切片。在获取图像不同视角下的投影后便可应用傅里叶图像重建理论直接重建图像。然而，该算法的数据量大，基本上是复数运算，计算效率较低，在实际应用中很少使用，但它是二维图像重建中最基本的算法。对二维傅里叶逆变换的不同处理可得出的滤波反投影算法（Filtered Back-projection，FBP），也称为傅里叶卷积算法（Fouriel Convolution Algorithm），该算法是至今为止最受推崇的图像重建算法。对滤波函数的许多改进仍是人们研究的热点。

以傅里叶变换为基础的重建算法，要求在 180°或 360°范围内获取投影才能进行 CT 图像重建。但是工业 CT 的重建对象千变万化，有时构件的结构会限制其投影角度，仅能获得有限数据投影，因此人们开始研究不完全投影数据的图像重建算法。不完全数据重建算法分为代数重建算法（ART）和变换法（Transform Algorithm）两类。

对于迭代重建算法和滤波反投影重建算法，Zayed 等人曾经就运行时间、空间分辨率和对比分辨率进行过比较研究，结果表明迭代算法可近似重建图像，探测伪像的能力差，比较适合于密度由外到中心平滑增加的物体的重建；滤波反投影算法是最精确的重建技术，特别适合密度变换剧烈的物体的重建，运行时间短。

图 2-25 为基于平板测器 DR/CT 系统获取的实际工件系列 X 射线图像，其中左图为构件在某个方位下的 DR 投影图像，右图为不同部位的 CT 重建切片。

② 三维图像重建　就目前应用最多的三维重建技术大致分为两大类：一类是先重建出多幅二维 CT 切片，然后进行堆叠，可以三维造型，可以三维切片，但这不是严格意义上的三维重建。由于投影的取得需要垂直扫描，不同层上的投影不是一次得到的，因而这类技术最致命的缺陷是不能重建如运动心脏等的三维图像。当然为了重建动态构件可将三维锥束近似成大面积平行束，如图 2-26 所示。

另一类重建技术是从二维锥束投影直接重建三维图像。从 Feldkamp 到 Tuy、Smith、

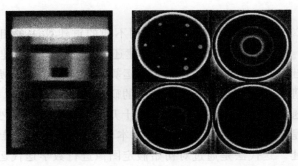

图 2-25 基于平板探测器 DR/CT 系统获取的 DR 图像与不同层面的 CT 切片

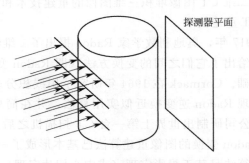

图 2-26 三维大面积平行束的投影示意图

Grangeat 等人，都为三维锥束重建的研究做出了贡献，提出了许多不同的重建方法。Feldkamp 方法是应用扇形束投影的二维滤波反投影方法的三维推广，是三维锥束重建方法中最经典的一种，此后的许多改进方法都是以它为基础的。图 2-27 为锥形束的投影示意图，Feldkamp 方法本质上是将锥束投影重建进行扇形束投影重建的近似，其实现分为 3 个步骤：投影数据的加权（角度修正）、滤波（卷积）、加权反投影。

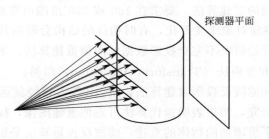

图 2-27 锥形束的投影示意图

Feldkamp 方法的不同层上的投影是用面阵探测器一次得到的，因此扫描过程相当短，跟线阵探测器得到一层投影所花的时间是一样多的。Feldkamp 方法的优点是简单、有效，缺点是近似重建，限制是仅适用于锥束角度较小的情况。

③ 任意角度下三维切片重建 上面两种三维重建技术对于工程化应用来说均有一个很严重的缺陷，就是重建时间较长。为顺应三维 CT 技术的发展趋势，对于缩短三维重建时间的研究已经成为当务之急。上面两种三维重建技术的基本思想是重建出构件上所有点，而对于某些工程应用来讲，如关心某斜面构件的分布、测试弹簧在受压情况下的斜率分布等，通

常不需要构件上所有点的情况，只关心沿某个斜方向上的 CT 切片。因此，王黎明在 Feld-kamp 方法的基础上，提出任意角度下三维切片的方法。

任意角度下斜切构件如图 2-28 所示，设构件的旋转轴沿 Z 方向，斜切面垂直于 YOZ 平面，斜切面与 XOY 平面成 θ 角。如图 2-29 所示，假设构件由许多层水平切片层叠而成，切片斜切构件，必定与其中的一些水平切片层相交，重建一个三维 CT 切片，只要求出斜切片与每一水平切片的交线，在每一个二维水平切片上，斜面与它的交线是有效数据，这个切片上的其他像素点对于这个三维 CT 切片是无效数据。由于每一水平切片层都是有厚度的，为一个像素的宽度，因此，两个切片层相交成一个相交面。在每个二维 CT 切片上，只需重建相交面，相交面以外不做重建计算，节约重建时间。在整个算法中，合理的投影数据获取是本算法的核心和关键。根据算法的基本功能，当斜切角 θ 为零时，就相当于完成普通的扇束投影重建。斜切角 θ 可以在 $0°\sim180°$ 范围内任意变化。整个重建流程如图 2-30 所示。

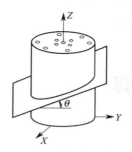 

图 2-28　构件任意角度斜切示意图　　　图 2-29　构件水平切片层叠示意图

算出 N 个相交面并获取相应的投影	几何运算出每一层的待重建区域	重建每层对整个斜切面有用部分	对每一层上的有用部分进行拼接	几何校正获得有方向性的斜切片

图 2-30　三维 CT 重建流程

为了说明这个过程，现对标准构件进行斜切片重建。在一铝圆柱上总共打了若干个通孔，孔径从 $\phi0.2$mm 到 $\phi3.8$mm 大小不等，一个圆心孔，近圆心均匀分布 4 个小孔，远圆心均匀分布 6 个大孔。现作 4 个斜切片，切片与平面的夹角分别为 0°、30°、45°和 60°，根据重建角度的不同，利用几何校正得到的图像的椭圆度也不相同。相对应的重建图如图 2-31 所示。

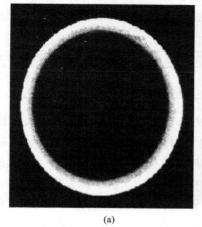 

(a)　　　　　　　　　　　　　　(b)

图 2-31

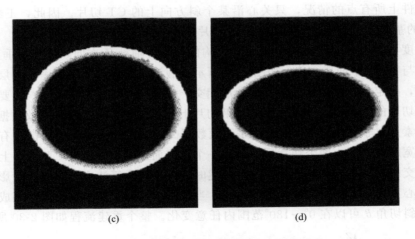

(c)　　　　　　　　　　　　　　　(d)

图 2-31　标准试件在不同斜切角下的切片

2.4　针对 GIS 设备射线检测的设备选择

2.4.1　射线源的选取

目前，射线的种类很多，如 X 射线、γ 射线、高能 X 射线、中子射线检测等，其中 X 射线、γ 射线和中子射线易于穿透物质。X 射线和 γ 射线都属于电磁波范畴，它们广泛用于锅炉压力容器、压力管道焊缝和其他工业产品、结构材料的缺陷检测，而中子射线仅用于一些特殊场合。因而，射线检测主要使用和广泛应用的射线源是 X 和 γ 射线源，与 X 射线相比，γ 射线具有更高的穿透力，所以 γ 射线一般用于在对较厚物体的探测中，但也正由于其更高的穿透力，一般探测器探测它的透射影像时都存在截取效率不高的缺点，使得探测时间很长，而两者最主要的不同点是产生方式不同，两种射线方法的对比如表 2-4 所示。

☑ 表 2-4　X 射线和 γ 射线方法的对比

射线种类	X 射线源	γ 射线源
产生方式	X 射线是高速电子撞击金属产生的	γ 射线是放射性同位素从原子核中发出的
谱线	X 射线是连续光谱	γ 射线是线状光谱
能量	X 射线能量取决于加速电子的电压	γ 射线能量取决于放射性同位素种类
强度	X 射线强度随管电压的平方和管电流而变	γ 射线强度随时间的推移按指数规律减弱
防护保管	切断电源后射线管将不产生 X 射线	放射性同位素随时都在产生 γ 射线，只有用屏蔽材料（铅）密封保管

从表 2-4 中可看出，X 射线和 γ 射线两种方法各有优缺点，γ 射线最大的缺点就是保管防护，放射性同位素随时都在产生 γ 射线，由于射线对人体有损害，对 γ 放射源的安全使用、保管存放就比较困难。近年来对 γ 放射源操作机构、存贮容器都有了很大的改良，但仍时有放射事故的发生，如机械故障 γ 源收不回存贮容器、γ 放射源丢失被盗等。然而，X 射线机关闭电源后就不再产生辐射，其使用、保管、存放都比较安全，故现在工业无损检测中 X 射线运用较为广泛。针对在生产现场对输变电设备进行无损检测的考虑，将 X 射线源作为射线无损检测的选择。

2.4.2 数字成像系统及成像方式的选取

针对在生产现场实际应用的需要，计算机射线成像（CR）和直接数字化射线成像（DR）是适用的两种典型技术。CR 和 DR 技术作为数字时代的产物，发展和继承了工业 X 射线胶片法的优点，为顺应时代发展的要求提供了有力的技术支持。CR 技术用成像板（IP）记录影像信息，这种影像是不可见的，必须用特殊的扫描仪进行数据读取，然后将数据传输至电脑处理形成数字成像。然而，DR 技术是由平板探测器直接接收 X 射线图像信号，传至电脑成像，没有中间环节，成像质量高，速度快且是实时成像。X 射线数字成像 CR 和 DR 技术原理示意图如图 3-32 所示。CR 和 DR 技术的比较如表 2-5 所示。

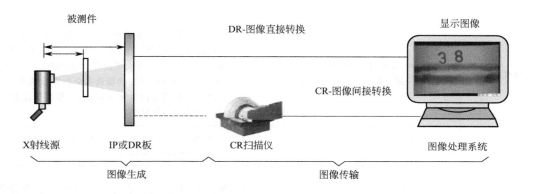

图 2-32 X 射线数字成像 CR 和 DR 技术原理示意图

⊡ **表 2-5 CR 和 DR 技术的比较**

项目	DR 技术	CR 技术
检测方法	计算机系统控制射线源拍照后（拍照时间远小于CR），面阵列成像板直接将图像传至电脑显示器。成像时间约为 3～5s。整套系统的控制完全在计算机上完成无需进入现场。图像成像时间总共10s 左右，即可观察、分析和处理	拍照后需取下 IP 进行扫描（类似于扫描仪），成像所需环节较多，而且需要准备很多张板，拍照后及时扫描否则图像会逐渐消退。透照时间同常规射线
分辨率和检测灵敏度	感光灵敏度比胶片高 50～100 倍，图像灰度级动态范围 14 位，其清晰度主要由射线源焦点尺寸决定，比CR 系统和普通胶片有更好的空间分辨率和对比度，图像层次丰富，影像边缘锐利清晰，细微结构表现出色，成像质量更高。最高成像灵敏度达到1.2%	由于自身的结构存在光学散射，常使图像模糊。降低了图像分辨率；同时图像灰度一般为 12 位，时间分辨率较差，图像质量往往低于 DR，而且图像为扫描后的图像，易产生失真
操作时间	只通过一块 DR 成像板实时成像，所有外观图像被自动记录在电脑上；成像时间一般只有几秒钟；对于整个操作只需要一人即可	通过 IP 成像板记录图像，而扫描一副 CR 图至少需要几分钟。现场使用时一般要很多 IP 板支持才能满足现场需要，而且往往要多人操作
检测条件（工件条件、外部温度、湿度）	成像板检测结构即可，不需紧贴，对环境要求不苛刻	IP 需紧贴检测结构，与传统胶片使用条件类似，因此许多结构无法检测。另外，由于 IP 紧贴检测结构，如果检测结构表面有杂质或不平坦将对 CR 成像板造成损伤并进一步划伤扫描系统

续表

项目	DR 技术	CR 技术
检测条件 （工件条件、 外部温度、湿度）	除胶片检测条件以外，还适用于检测温度较高时，表面不光滑时、厚度有差异时、内部有介质等情况	基本同胶片，但要求试件表面干净
射线源选择	检测时可用连续射线源、同位素源、电子加速器、脉冲射线源等	无法用脉冲源，只能用连续源，同时在激发电压太大时，会烧坏 IP，所以很难兼容同位素源和大能量电子加速器
所需人员	一般 1 个人即可完成检测工作	由于检测时需多块 IP 进行更换，成像需要扫描，环节较多，所以至少需要 2 人以上才能完成此工作
耗材成本分析	无需胶片，成像板正常使用可达 7～8 年或以上。一次性投入较大但基本没有日常耗材	CR 成像板为日常耗材，重复拍摄一定数量（一般一两千张）片子就报废；而且由于使用时紧贴工件，磨损往往很大，成为成像板寿命的决定性因素，而成像板附着的一些颗粒状物质也会损害扫描系统；现场既要拍照又要扫描所以检测时一般需要几十甚至上百个 IP 板，耗材投入也较大
系统的适用场合	固定、移动场合均可使用并适合如封头焊缝、异物类和装配情况等	基本等同于常规射线源，但最好被验物表面干净光滑，否则 IP 板易划伤

从表 2-5 中可知，DR 成像技术优于 CR 成像检测，尤其适用于在生产现场不拆卸设备、不停电的情况下，利用无损检测技术对输变电设备内部情况进行可视化检测与诊断的目的。

通过调研、收集并考虑电力设备的技术特性和运行环境，制定出基于 X 射线的电力设备透视检测系统中数字成像系统的定制选型要求如下。

射线机：

根据环境条件　工作温度−15～40℃；

根据检测对象　穿透能力＞50mm（钢）；管电压＞250kV；

根据现场使用　机头质量＜50kg；

电源要求适应国内电源　220V 50Hz；

成像板：

成像清晰度　分辨率≥2.5pl/mm；

现场使用方便　质量＜7kg；

结构检验　成像板面积＞400mm×400mm；

数据采集方式　千兆以太网。

根据定制选型要求，经过多家对比后，最终向 GE 公司定制 X 射线数字成像系统。

参考文献

[1] 王维洋. 无损检测技术的原理与应用 [J]. 时代农机，2019，46（07）：21-22.

[2] 韩跃平，韩焱，王黎明，等. 复杂产品内部结构装配正确性 X 射线自动检测系统的研究 [J]. 兵工学报，2012，33（07）：881-885.

[3] 李瑞红，韩跃平，周汉昌，等. 闪烁晶体光谱特性多参数综合测试技术研究 [J]. 光谱学与光谱分析，2010，30

(08)：2184-2186.

［4］　郑猛．焊缝缺陷计算机 X 射线激光扫描成像技术与提取方法研究［D］．北京：北京交通大学，2010.

［5］　杜应超．基于汤姆逊散射 X 射线源的理论及初步实验研究［D］．北京：清华大学，2006.

［6］　程耀瑜．工业射线实时成像检测技术研究及高性能数字成像系统研制［D］．北京：南京理工大学，2003.

［7］　王召巴．基于面阵 CCD 相机的高能 X 射线工业 CT 技术研究［D］．南京：南京理工大学，2002.

［8］　Sourour E. A．，Gupta S. C．. Direct-sequence spread-spectrum parallel acquisition in a fading mobile channel［J］，IEEE Trans．，Commun，1990，Vol. 38（7）：992-998.

［9］　Ziemer R. E．，Peterson R. L．. Digital Communications and Spread Spectrum Systems［M］. Macmillan Publishing Company，1985.

第 3 章

X 射线检测的安全性分析

[9] Zahory R.C., P. Siltch K.J., 1994. A vacuum arc anode spot position.
Contingay, 1992.

3.1 概述

电力设备广泛运用固体绝缘材料、绝缘油或 SF$_6$ 气体作为绝缘介质，其起到灭弧、散热、绝缘等作用。SF$_6$ 气体作为绝缘介质，本身极稳定，具有很高的绝缘强度和灭弧能力，但在电弧放电、火花放电和电晕放电作用下，SF$_6$ 气体和混入其中的水分及 O$_2$ 发生不可逆反应，产生十几种甚至几十种分解产物，其中包括一些有毒并具有腐蚀性的气体产物，并进一步腐蚀设备内部材料产生固体分解物，这些物质如被排放到大气中，不但给我们赖以生存的环境造成了难以挽救的污染和破坏，同时还危及电力设备的正常运行和人们的身体健康。如果变压器中的绝缘油油质劣化，将使绝缘性能下降，击穿电场强度降低，介质损失角增大。GIS 设备中固体环氧树脂如存在问题，将会对 GIS 设备的安全、稳定运行带来影响。由于是采用 X 射线对电力设备进行可视化检测，如果电力设备中的 SF$_6$ 气体、绝缘油、固体绝缘材料上缺陷在 X 射线照射下分解、劣化或恶化，会造成固体绝缘材料本身缺陷的扩大，将影响设备运行甚至造成更严重的事故。因此，需全面、系统性地开展 X 射线对电力设备固体绝缘材料、绝缘油和 SF$_6$ 气体影响的专题研究。

3.2 X 射线对电力设备固体绝缘材料的影响

在固体材料——盆式绝缘子环氧树脂上设置微小划痕，利用能量为 300kV×3mA 的 X 射线，对环氧树脂缺陷进行 200min 的连续照射，并在 X 射线照射前后利用光学显微镜在放大 50 倍下进行环氧树脂材料上缺陷的观察和测量，以确定 X 射线是否对固体材料本身缺陷有影响。图 3-1 为 X 射线照射前利用光学显微镜，在放大 50 倍的情况下，固体环氧树脂材料上缺陷的情况。

图 3-1 中图（b）～（d）是对固体环氧树脂材料上的缺陷进行多次测量的结果，其误差属于

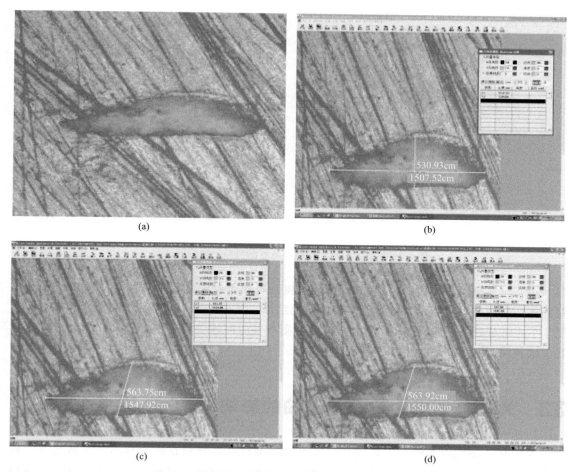

图 3-1　X 射线照射前固体环氧树脂材料上缺陷的情况

人员操作误差。

图 3-2 为在不带电情况下，X 射线对固体环氧树脂材料上的缺陷进行连续 200min 照射

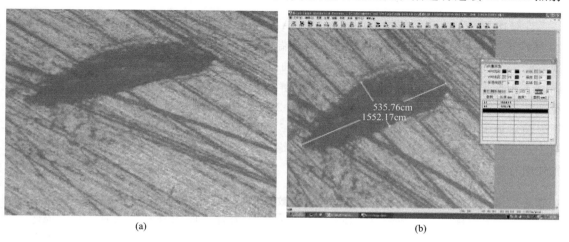

图 3-2

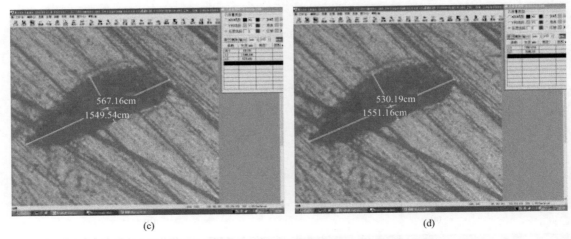

(c)　　　　　　　　　　　　　　　(d)

图 3-2　X 射线照射后固体环氧树脂材料上缺陷的情况

后利用光学显微镜在放大 50 倍后，固体环氧树脂材料上缺陷的情况。图 3-2 中（b）～（d）是对固体环氧树脂材料上的缺陷进行多次测量的结果，其误差属于人员操作误差。从图 3-1 和图 3-2 的比对后可以发现在不带电情况下，X 射线长时间连续照射不会影响固体环氧树脂材料上的缺陷。

3.3　X 射线对电力设备绝缘油的影响

为研究 X 射线对绝缘油的影响，对多组绝缘油样品，分别在带电和不带电情况下，利用能量为 300kV×3mA 的 X 射线，对绝缘油进行照射，并在照射前后检测油中溶解气体和局部放电起始电压数据以确定 X 射线对电力设备绝缘油的影响。

3.3.1　带电情况下 X 射线对绝缘油的影响

在带电情况下，研究能量为 300kV×3mA 的 X 射线对绝缘油的影响。两组实验所用的 25 号绝缘油放入油杯中，并在油杯中设置尖端缺陷，两次实验电压设在 10kV 左右（尖端缺陷的击穿电压均在 10kV 以上），两组绝缘油持续加压 5h 后取样，此后两组绝缘油在加压同时 X 射线照射 1h，取样后分别进行油中溶解气体组分检测。表 3-1 和表 3-2 分别是两组绝缘油在加压前后油中溶解气体组分数据。表 3-3 和表 3-4 分别是两组油在加压的同时 X 射线照射前后油中溶解气体组分数据。表 3-5 是第二组绝缘油在加压的同时 X 射线照射前后绝缘油中水分数据。图 3-3 和图 3-4 分别是两组绝缘油在带电情况下，X 射线照射前后油中溶解气体组分数据变化情况。

▫ **表 3-1　第一组绝缘油加压前后油中溶解气体组分数据比较**

气体组分	H_2 $/(\mu L/L)$	CO $/(\mu L/L)$	CO_2 $/(\mu L/L)$	CH_4 $/(\mu L/L)$	C_2H_6 $/(\mu L/L)$	C_2H_4 $/(\mu L/L)$	C_2H_2 $/(\mu L/L)$	总烃 $/(\mu L/L)$
加压前	0.47	5.16	405.69	0.84	0	0	0	0.84
加压后	25.86	5.71	363.46	4.36	0.82	7.28	42.41	54.87

▣ 表 3-2　第二组绝缘油加压前后油中溶解气体组分数据比较

气体组分	H$_2$ /(μL/L)	CO /(μL/L)	CO$_2$ /(μL/L)	CH$_4$ /(μL/L)	C$_2$H$_6$ /(μL/L)	C$_2$H$_4$ /(μL/L)	C$_2$H$_2$ /(μL/L)	总烃 /(μL/L)
加压前	0	12.53	332.12	1.11	0	0.84	3.54	5.49
加压后	3.87	11.19	234.07	1.45	0	1.57	8	11.02

▣ 表 3-3　第一组绝缘油加压的同时 X 射线照射前后油中溶解气体组分数据

气体组分	H$_2$ /(μL/L)	CO /(μL/L)	CO$_2$ /(μL/L)	CH$_4$ /(μL/L)	C$_2$H$_6$ /(μL/L)	C$_2$H$_4$ /(μL/L)	C$_2$H$_2$ /(μL/L)	总烃 /(μL/L)
加压和 X 射线照射前	0.47	5.16	405.69	0.84	0	0	0	0.84
加压和 X 射线照射后	118.08	13.27	421.98	12.98	2.20	25.58	233.58	274.34

▣ 表 3-4　第二组绝缘油加压的同时 X 射线照射前后油中溶解气体组分数据

气体组分	H$_2$ /(μL/L)	CO /(μL/L)	CO$_2$ /(μL/L)	CH$_4$ /(μL/L)	C$_2$H$_6$ /(μL/L)	C$_2$H$_4$ /(μL/L)	C$_2$H$_2$ /(μL/L)	总烃 /(μL/L)
加压和 X 射线照射前	1.44	9.46	362.29	1.2	0	0.91	4.49	6.6
加压和 X 射线照射后	29.43	6.54	303.1	1.6	0.3	1.03	4.42	7.35

▣ 表 3-5　第二组绝缘油加压的同时 X 射线照射前后油中水分数据

油中水分	均值/(mg/L)	第一次/(mg/L)	第二次/(mg/L)
第二组新油样本	23.2	23.8	22.6
加压并 X 射线照射后	22.3	22.1	22.5

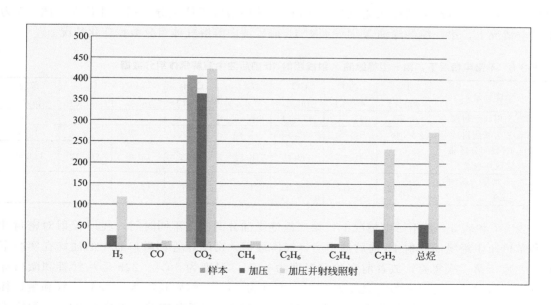

图 3-3　第一组绝缘油在带电情况下，X 射线照射后油中溶解气体组分变化情况

　　从表 3-1～表 3-5、图 3-3 和图 3-4 中可以看出，带电情况下，X 射线照射后绝缘油中氢气明显增加，水分没有明显变化，而 X 射线对不同油质、油况绝缘油中乙炔的影响与油质、油况、照射时间有关。

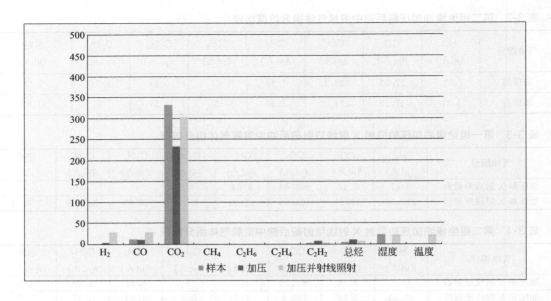

图 3-4　第二组绝缘油在带电情况下，X 射线照射后油中溶解气体组分变化情况

3.3.2　不带电情况下 X 射线对绝缘油的影响

不带电情况下，研究了能量为 300kV×3mA 的 X 射线对绝缘油的影响。表 3-6 为不带电情况下，第一组绝缘油在 X 射线照射 1h 前后油中溶解气体组分数据变化情况。图 3-5 为不带电情况下，第一组绝缘油 X 射线照射 1h 前后油中溶解气体组分数据变化情况。

▣ 表 3-6　不带电情况下，第一组绝缘油 X 射线照射 1h 前后油中溶解气体组分数据

气体组分	H_2 /(μL/L)	CO /(μL/L)	CO_2 /(μL/L)	CH_4 /(μL/L)	C_2H_6 /(μL/L)	C_2H_4 /(μL/L)	C_2H_2 /(μL/L)	总烃 /(μL/L)
新油 X 射线照射前	0.61	11.01	434.44	0.93	0	0	0	0.93
新油 X 射线照射后	38.46	16.36	292.49	1.30	0	0.39	0	1.69
加压 1h 加部分新油 X 射线照射前	54.36	12.96	452.18	8.92	1.38	16.13	118.12	144.55
加压 1h 加部分新油 照射后	116.72	13.17	388.23	10.5	1.87	15.99	114.26	142.62

表 3-7 和表 3-9 是不带电情况下，第二组绝缘油分两次在不同时间，利用 X 射对密封针管和敞口瓶中绝缘油照射 1h 前后油中溶解气体数据。密闭针管和敞口瓶中的油均在实验室放置一晚，第一次实验，放置前实验室温度为 25℃，湿度为 50%。22h 后从针管和敞口杯中分别取出油样，此时实验室温度为 22℃，湿度为 55%，然后利用 X 射线对针管和敞口杯中剩下的油进行照射，时间为 1h，取样。第二次实验，放置前实验室温度为 22℃，湿度为 47%。22h 后从针管和敞口杯中分别取出油样，此时实验室温度为 23℃，湿度为 47%，然后利用 X 射线对针管和敞口杯中剩下的油进行照射，时间为 1h，取样。两次实验 X 射线能量均为 300kV×3mA。对油样进行检测，表 3-8 和表 3-10 分别是两次实验油中水分数据。图 3-6 和图 3-7 分别是不带电情况下，第二组绝缘油第一次和第二次实验 X 射线照射 1h 前后油中溶解气体组分数据变化情况。

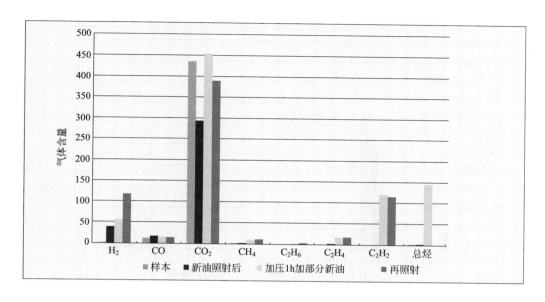

图 3-5   不带电情况下，第一组绝缘油 X 射线照射 1h 前后油中溶解气体组分变化情况

表 3-7   不带电情况下，第二组绝缘油第一次实验 X 射线照射 1h 前后油中溶解气体组分数据

气体组分	H_2 /(μL/L)	CO /(μL/L)	CO_2 /(μL/L)	CH_4 /(μL/L)	C_2H_6 /(μL/L)	C_2H_4 /(μL/L)	C_2H_2 /(μL/L)	总烃 /(μL/L)
试管新油照射前	2.93	5.46	251.55	1.32	0	0.86	5.49	7.67
试管新油照射后	47.05	4.49	246.71	2.21	0.50	1.48	5.66	9.85
敞口瓶新油照射前	1.35	4.19	285.72	1.20	0	0.61	3.08	4.89
敞口瓶新油照射后	30.75	3.96	317.74	1.62	0	1.11	2.73	5.46

表 3-8   不带电情况下，第二组绝缘油第一次实验 X 射线照射 1h 前后油中水分数据

油中水分	均值/(mg/L)	第一次/(mg/L)	第二次/(mg/L)
试管新油照射前	25.5	24.7	26.2
试管新油照射后	30.4	31.3	29.5
敞口瓶新油照射前	31.9	32.7	31.0
敞口瓶新油照射后	29.1	28.8	29.4

表 3-9   不带电情况下，第二组绝缘油第二次实验 X 射线照射 1h 前后油中溶解气体组分数据

气体组分	H_2 /(μL/L)	CO /(μL/L)	CO_2 /(μL/L)	CH_4 /(μL/L)	C_2H_6 /(μL/L)	C_2H_4 /(μL/L)	C_2H_2 /(μL/L)	总烃 /(μL/L)
试管新油照射前	0.45	6.30	349.3	0.92	0.7	0.68	2.54	4.84
试管新油照射后	26.85	5.43	324.11	1.43	0.26	1.1	2.48	5.27
敞口瓶新油照射前	0.31	6.72	346.82	0.87	0	0.53	2.10	3.50
敞口瓶新油照射后	12.74	5.41	353.33	1.08	0	0.61	1.51	3.20

表 3-10   不带电情况下，第二组绝缘油第二次实验 X 射线照射 1h 前后油中水分数据

油中水分	均值/(mg/L)	第一次/(mg/L)	第二次/(mg/L)
试管新油照射前	21.3	22.4	20.1
试管新油照射后	22.0	22.0	22.0
敞口瓶新油照射前	21.0	21.5	20.6
敞口瓶新油照射后	24.3	24.7	23.8

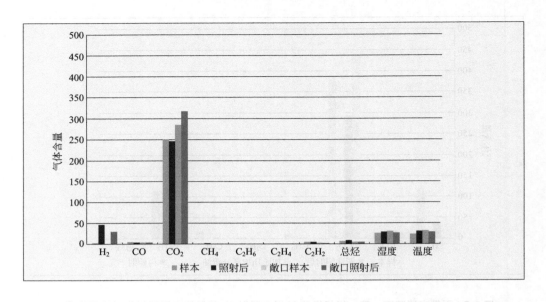

图 3-6 不带电情况下，第二组绝缘油第一次实验 X 射线照射 1h 前后油中溶解气体组分变化情况

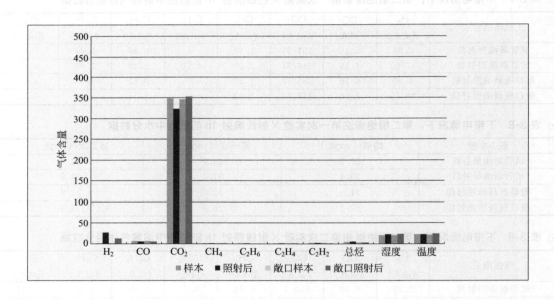

图 3-7 不带电情况下，第二组绝缘油第二次实验 X 射线照射 1h 前后油中溶解气体组分变化情况

　　为了获得在不带电情况下，X 射线对绝缘油油中溶解气体影响的趋势，项目组利用能量为 $300kV \times 3mA$ 的 X 射线对第三组绝缘油进行照射，并分 5 个时段每隔 10min 取样，进行油中溶解气体组分分析。实验室温度为 22℃，湿度为 52%。表 3-11 是第三组绝缘油在 X 射线照射 50min 前后情况下油中溶解气体组分数据。图 3-8 是不带电情况下，第三组绝缘油在 X 射线照射 50min 前后油中溶解气体组分变化情况。

⊡ 表 3-11　不带电情况下，第三组绝缘油 X 射线照射 50min 前后油中溶解气体组分数据

气体组分	H_2 /(μL/L)	CO /(μL/L)	CO_2 /(μL/L)	CH_4 /(μL/L)	C_2H_6 /(μL/L)	C_2H_4 /(μL/L)	C_2H_2 /(μL/L)	总烃 /(μL/L)
新油照射前	0.62	28.99	667.17	2.78	1.95	8.32	0	13.05
第一组照射后	4.15	24.16	745.74	4.56	3.09	14.70	0	22.35
第二组照射后	8.17	30.95	764.61	5.13	3.31	15.73	0	24.17
第三组照射后	13.36	28.98	751.30	5.56	3.28	15.94	0	24.78
第四组照射后	14.11	24.44	704.76	4.73	3.89	15.55	0	24.17
第五组照射后	22.61	29.01	757.07	5.63	3.41	16.25	0	25.29

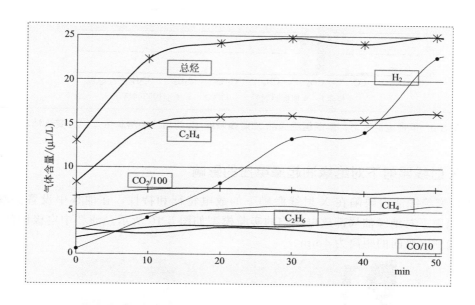

图 3-8　不带电情况下，第三组绝缘油 X 射线照射 50min 前后油中溶解气体组分变化情况

　　为了验证 X 射线在不同能量和遮挡条件下油中溶解气体组分数据变化情况，项目组利用能量为 250kV×3.0mA 的 X 射线对第四组绝缘油进行照射，获得油中溶解气体组分数据变化情况。表 3-12 是在不带电情况下，第四组绝缘油在 X 射线机出口处有无 12mm 厚钢板遮挡时 X 射线照射 1h 前后油中溶解气体组分数据。图 3-9 是不带电情况下，第四组绝缘油在有无 12mm 厚钢板时 X 射线照射 1h 前后油中溶解气体组分数据变化情况图。

⊡ 表 3-12　不带电和有无遮挡情况下，第四组绝缘油 X 射线照射 1h 前后油中溶解气体组分数据

气体组分	H_2 /(μL/L)	CO /(μL/L)	CO_2 /(μL/L)	CH_4 /(μL/L)	C_2H_6 /(μL/L)	C_2H_4 /(μL/L)	C_2H_2 /(μL/L)	总烃 /(μL/L)
新油样本 1 照射前	0	6.83	325.12	1.19	0	0.28	0.61	2.08
新油样本 1 加钢板照射后	2.64	5.97	377.66	1.52	0	0.34	0.63	2.49
新油样本 2 照射前	0	5.58	344.90	1.01	0	0	0.60	1.61
新油样本 2 不加钢板照射后	20.34	5.16	366.54	1.36	0	0.52	0.71	2.59

　　从表 3-6～表 3-12 和图 3-5～图 3-9 中清楚地可以看出，在不带电情况下，X 射线照射后绝缘油中水分没有明显变化、绝缘油中溶解氢气明显增加，具体影响程度与油质、油况和 X 射线照射时间有关。

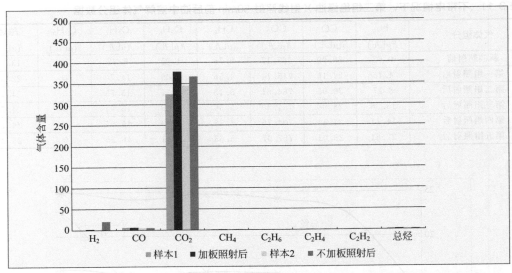

图 3-9　不带电情况下，第四组绝缘油 X 射线照射 1h 前后油中溶解气体组分变化情况

3.3.3　X 射线照射下对绝缘油起晕电压的影响

为了研究绝缘油内缺陷在 X 射线激励下的放电特征和特性，在油杯中设置尖端缺陷，在 X 射线照射下对绝缘油局部放电影响的实验模型如图 3-10 所示。油杯中电极间的距离是 6mm，尖端到电极间的距离为 4mm。

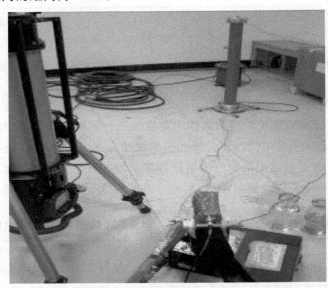

图 3-10　X 射线照射下绝缘油局部放电检测

利用图 3-10 所示的 X 射线照射下局部放电检测试验台，在外加交流高电压下，分别测量在有、无 X 射线照射时的放电起始电压和局部放电图谱。通过局部放电监测仪监测所设置的电气设备缺陷，使缺陷处于刚好局部放电刚刚熄灭，此时通过 X 射线机进行 X 射线照射，然后监测缺陷局部放电是否具有明显的变化，以此进行 X 射线对绝缘油局部放电的影

响研究。实验分三组进行，采用 25 号绝缘油，分别采用脉冲电流和超高频局部放电检测仪进行局部放电的检测，所有实验使用的 X 射线能量为 300kV×3mA。下面分别对三组实验情况分别进行详细说明。

（1）X 射线对绝缘油起晕电压影响的第一组实验情况

为了获得 X 射线对绝缘油起晕电压的影响，选取超高频测起晕电压，确定 X 射线对绝缘油起晕电压是否有影响，并在 X 射线照射前后取出油样进行油中溶解气体组分数据分析以确定 X 射线是否会对绝缘油有影响。图 3-11 为 X 射线照射前用超高频局放仪测得的绝缘油起晕电压为 3.68kV 的图片。

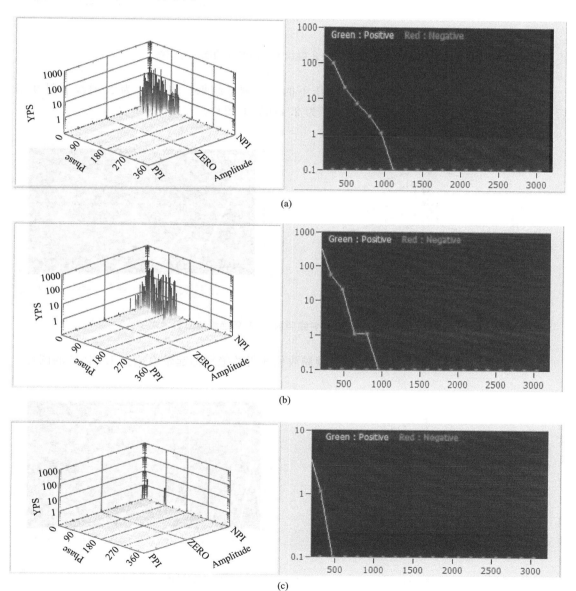

图 3-11

频频发生，又将每一工况进行比对，采用 2S 法分类验电。分别对局部电晕相位及电量低压区……低压区域为 50kV×3m/s。下图分别展示了 3.11、3.12、

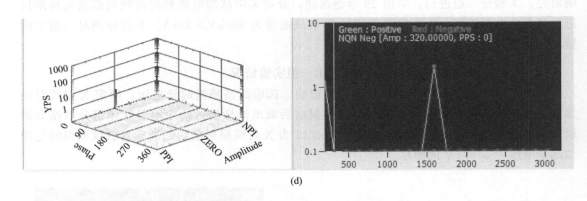

(d)

图 3-11　第一组实验 X 射线照射前绝缘油起晕电压图

图 3-11 中(a)～(d)是对同一起晕电压下的多次测量结果。图 3-12 为 X 射线照射 0.5h 后用超高频局放仪测得的绝缘油起晕电压为 2.17kV 的图片。

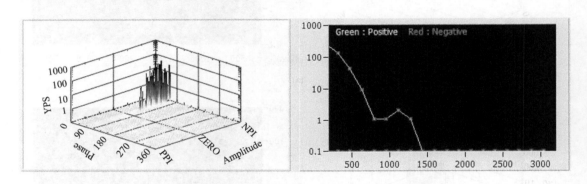

图 3-12　第一组实验 X 射线照射 0.5h 后绝缘油起晕电压图

图 3-13 为 X 射线照射 1h 后用超高频局放仪测得的绝缘油起晕电压为 1.04kV 的图片。

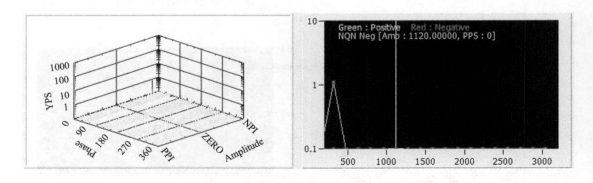

图 3-13　第一组实验 X 射线照射 1h 后绝缘油起晕电压图

在 X 射线照射前，照射 0.5h 和照射 1h 后取样进行油中溶解气体组分数据分析，其结果如表 3-13 所示。

⊡ 表 3-13　X 射线对绝缘油起晕电压影响的第一组实验油中溶解气体组分数据

气体组分	H_2 /(μL/L)	CO /(μL/L)	CO_2 /(μL/L)	CH_4 /(μL/L)	C_2H_6 /(μL/L)	C_2H_4 /(μL/L)	C_2H_2 /(μL/L)	总烃 /(μL/L)
X 射线照射前	0.98	28.94	321.37	1.07	0	0	0	1.07
0.5h 照射后	32.50	29.74	306.41	1.78	0.44	0.83	0	3.05
1h 照射后	46.21	29.05	330.23	1.66	0.73	1.15	0	3.54

（2）X 射线对绝缘油起晕电压影响的第二组实验

第二组实验选取超高频和脉冲电流局部放电检测仪测绝缘油起晕电压，观测 X 射线对绝缘油起晕电压是否有影响，并在 X 射线照射前后取样进行油中溶解气体组分数据分析以观察 X 射线是否会对绝缘油有影响。

① 超高频局放实验情况　图 3-14 为 X 射线照射前用超高频局放仪测得的绝缘油起晕电压为 2.33kV 的图片。

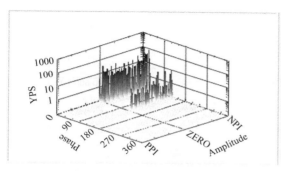
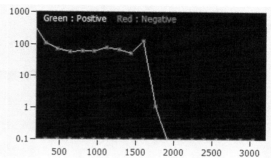

图 3-14　第二组实验 X 射线照射前绝缘油起晕电压图

图 3-15 为 X 射线照射 0.5h 后用超高频局放仪测得绝缘油起晕电压为 1.48kV 的图片。

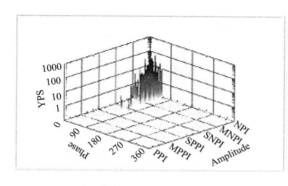
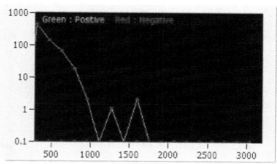

图 3-15　第二组实验 X 射线照射 0.5h 后绝缘油起晕电压图

图 3-16 为 X 射线照射 1h 后用超高频局放仪测得的绝缘油起晕电压为 0.61kV 的图片。

② 脉冲电流局放实验情况　图 3-17 为 X 射线照射前用脉冲电流局放仪测得绝缘油起晕电压为 2.33kV 的图片。

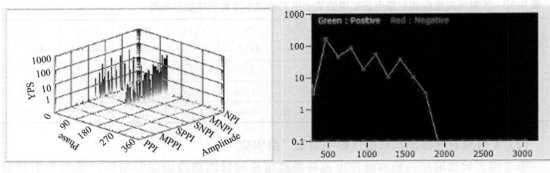

图 3-16　第二组实验 X 射线照射 1h 后绝缘油起晕电压图

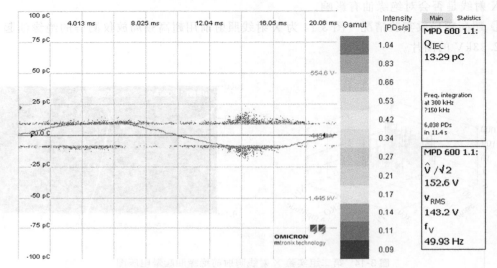

图 3-17　第二组实验 X 射线照射前绝缘油起晕电压图

图 3-18 为 X 射线照射 0.5h 后用脉冲电流测得油起晕电压为 1.68kV 的图片。

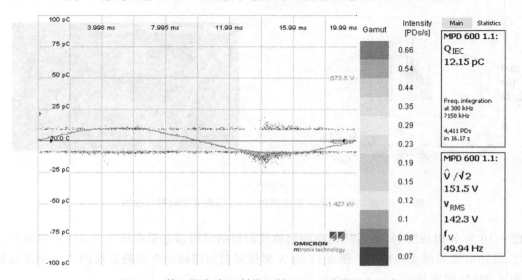

图 3-18　第二组实验 X 射线照射 0.5h 后绝缘油起晕电压图

图 3-19 为 X 射线照射 1h 后用脉冲电流测得绝缘油起晕电压为 1.39kV 的图片。

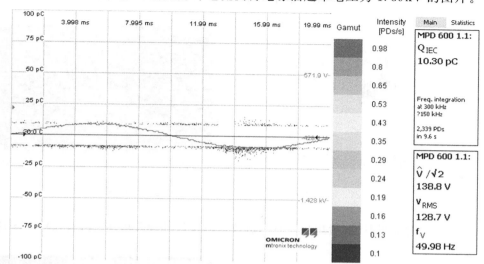

图 3-19　第二组实验 X 射线照射 1h 后绝缘油起晕电压图

在 X 射线照射前，照射 0.5h 和照射 1h 后取样进行油中溶解气体组分数据分析，其结果如表 3-14 所示。

▣ **表 3-14　X 射线对绝缘油起晕电压影响的第二组实验油中溶解气体组分数据**

气体组分	H_2 /($\mu L/L$)	CO /($\mu L/L$)	CO_2 /($\mu L/L$)	CH_4 /($\mu L/L$)	C_2H_6 /($\mu L/L$)	C_2H_4 /($\mu L/L$)	C_2H_2 /($\mu L/L$)	总烃 /($\mu L/L$)
X 射线照射前	0.66	40.66	420.25	1.40	0	0	0	1.40
0.5h 照射后	16.53	35.42	386.34	1.46	0.63	0.91	0	3.00
1h 照射后	44.95	37.19	390.62	1.78	0.97	1.31	0	4.06

(3) X 射线对绝缘油起晕电压影响的第三组实验情况

第三组实验选取超高频和脉冲电流局部放电检测仪测油起晕电压，观测 X 射线对绝缘油起晕电压是否有影响，并在 X 射线照射前后取样进行油中溶解气体组分数据分析以观察 X 射线是否会对绝缘油有影响。

① 超高频局放实验情况　图 3-20 为 X 射线照射前用超高频局放仪测得绝缘油起晕电压为 3.17kV 的图片。

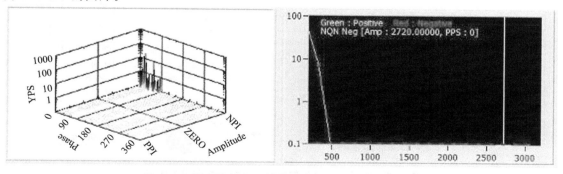

图 3-20　第三组实验 X 射线照射前绝缘油起晕电压图

图 3-21 为 X 射线照射 0.5h 后用超高频局放仪测得绝缘油起晕电压为 1.86kV 的图片。

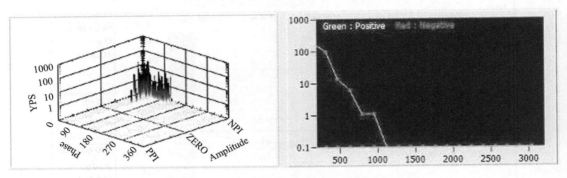

图 3-21　第三组实验 X 射线 0.5h 后绝缘油起晕电压图

图 3-22 为 X 射线照射 1h 后用超高频局放仪测得绝缘油起晕电压为 1.40kV 的图片。

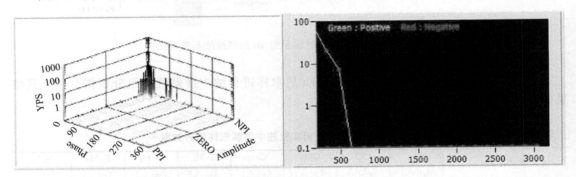

图 3-22　第三组实验 X 射线 1h 后绝缘油起晕电压图

② 脉冲电流局放实验情况　图 3-23 为 X 射线照射前用脉冲电流局放仪测得绝缘油起晕电压 3.53kV 的图片。

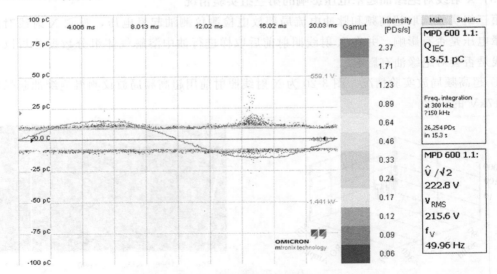

图 3-23　第三组实验 X 射线照射前绝缘油起晕电压图

图 3-24 为 X 射线照射 0.5h 后用脉冲电流局放仪测得绝缘油起晕电压 3.46kV 的图片。

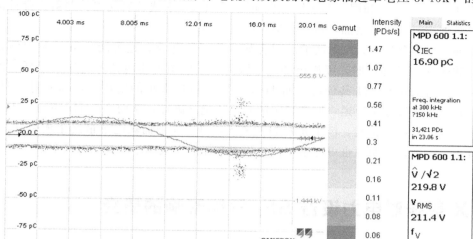

图 3-24 第三组实验 X 射线照射 0.5h 后绝缘油起晕电压图

图 3-25 为 X 射线照射 1h 后用脉冲电流测得的油起晕电压 3.00kV 的图片。

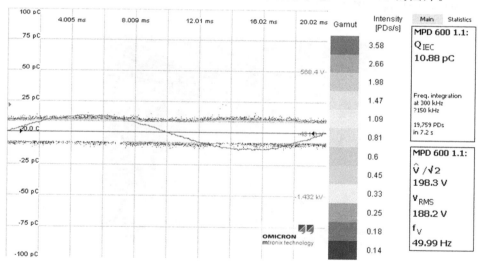

图 3-25 第三组实验 X 射线照射 1h 后绝缘油起晕电压图

在 X 射线照射前，照射 0.5h 和照射 1h 后取样进行油中溶解气体组分数据分析，其结果如表 3-15 所示。

▣ **表 3-15 X 射线对绝缘油起晕电压影响的第三组实验油中溶解气体组分数据**

气体组分	H_2 /$(\mu L/L)$	CO /$(\mu L/L)$	CO_2 /$(\mu L/L)$	CH_4 /$(\mu L/L)$	C_2H_6 /$(\mu L/L)$	C_2H_4 /$(\mu L/L)$	C_2H_2 /$(\mu L/L)$	总烃 /$(\mu L/L)$
X 射线照射前	14.29	54.88	427.91	1.50	0	0.88	0	2.38
0.5h 照射后	50.89	44.12	368.76	1.48	0.69	1.07	0	3.24
1h 照射后	78.63	48.46	424.74	1.91	1.00	1.51	0	4.42

从表 3-13～表 3-15 和图 3-14～图 3-25 可以看出，X 射线长时间连续照射会降低油起晕电压且绝缘油中氢气明显增加，再次验证了前面的结果。

带电或不带电条件下，X 射线的照射会导致绝缘油劣化，这可能是由于 X 射线是高能射线，物质受 X 射线照射时，可使核外电子脱离原子轨道产生电离；绝缘油是低黏度环烷基矿物油，含有大量 C—H 共价键，而 H 又是原子质量最小的物质，在高能射线照射下，电子可能被电离脱离原子轨道，原本稳定的 C—H 键被破坏，从而产生 H＋离子，H＋离子再去攻击其他 C—H 共价键，产生新的 H＋离子，H＋离子捕获电子最终生成氢气。另外，放电条件下，X 射线的照射也可能增快油中溶解气体的生成速率。

3.4　X 射线对电力设备 SF₆ 气体影响的研究

3.4.1　不带电情况下 X 射线对 SF₆ 气体的影响

为了研究不带电情况下 X 射线对 SF₆ 气体的影响，分别采用气相色谱仪和气-质联用仪对 SF₆ 气体组分进行分析，所有实验使用的 X 射线能量均为 $300kV \times 3mA$、室温 $22℃$、湿度 51%。现场试验情况如图 3-26 所示。

图 3-26　不带电情况下 X 射线对 SF₆ 气体影响的现场试验情况

（1）色相色谱仪

本次实验将 SF₆ 气体样本分为 3 份，分装于 3 个气瓶中。1～3 号取样瓶分别利用 X 射线照射 1h、2h 和 200min。利用气相色谱仪进行检测，比对 X 射线照射前后各组分含量。表 3-16～表 3-18 为 1～3 号取样瓶气体在 X 射线照射前后的数据。

▣ **表 3-16　1 号取样瓶气体在 X 射线照射前后气相色谱检测数据**

1 号取样瓶	空气/%	CF_4/%	CO_2/%	SF_6/%
X 射线照射前	0.0125	0.0033	0.0049	99.9792
X 射线照射后	0.0091	0.0023	0.0044	99.9841

⊡ 表 3-17　2 号取样瓶气体在 X 射线照射前后气相色谱检测数据

1号取样瓶	空气/%	CF_4/%	CO_2/%	SF_6/%
X 射线照射前	0.0158	0.0038	0.0046	99.9758
X 射线照射后	0.0275	0.0101	0.0046	99.9578

⊡ 表 3-18　3 号取样瓶气体在 X 射线照射前后气相色谱检测数据

1号取样瓶	空气/%	CF_4/%	CO_2/%	SF_6/%
X 射线照射前	0.0252	0.0070	0.0041	99.9637
X 射线照射后	0.0391	0.0126	0.0048	99.9434

（2）气-质联用仪

本次试验将 SF_6 气体样本分为 4 份，分装于 4 个气瓶中。1～4 号取样瓶分别利用 X 射线照射 1～5h。利用气-质联用仪对 4 个取样瓶中的 SF_6 气体，在照射前后分别进行分析。目前，采用混标法对 SF_6 分解产物进行定量，由于 SF_6 分解可能产生的产物很多，且多为剧毒物质，标气的获得成为定量的主要困难。目前无法对 SF_5OCF_3、$S_2F_{10}O$ 进行定量分析。表 3-19 和表 3-20 分别为 1～4 号取样瓶气体在 X 射线照射前后的数据情况。图 3-27 是通过气-质联用仪所获图谱。

⊡ 表 3-19　4 个取样瓶在 X 射线照射前气-质联用仪检测数据

取样瓶序号	空气/%	CF_4/%	C_3F_8/%
1	0.0148	0.0343	0.0350
2	0.0212	0.0346	0.0312
3	0.0168	0.0294	0.0284
4	0.0110	0.0168	0.0321

⊡ 表 3-20　4 个取样瓶在 X 射线照射后气-质联用仪检测数据

取样瓶序号	空气/%	CF_4/%	C_3F_8/%
1	0.0221	0.0294	0.0337
2	0.0129	0.0271	0.0248
3	0.0182	0.0142	0.0235
4	0.0002	0.0128	0.0165

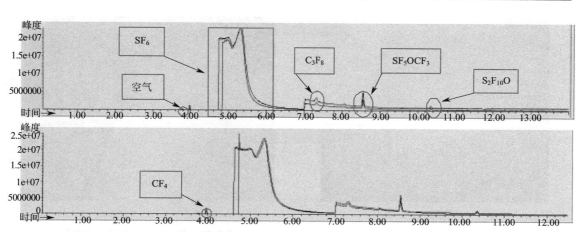

图 3-27

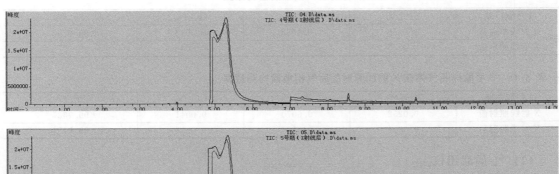

图 3-27 X 射线照射前后 SF₆ 气体图谱

图 3-27 中横坐标为时间（保留时间）；轴坐标为峰度；峰面积代表浓度，黑色曲线是 X 射线照射前的图谱，蓝色曲线代表 X 射线照射后的图谱。如图 3-27 可见，SF_6 峰峰型及重现性较差，这是由于 SF_6 浓度太大、杂质组分浓度很低造成。组分数据的差别是由于系统误差和钢瓶对 SF_6 中组分的吸附等原因造成的。X 射线照射后，SF_6 气体中并没有分解产物和其他杂峰的产生，原有峰峰面积没有明显增加，因此可以认为在不带电情况下，X 射线对 SF_6 气体没有影响。

3.4.2　带电情况下 X 射线对 SF₆ 气体的影响

该试验在 220kV GIS 试验段内布置盆式绝缘子上固定金属微粒和高压导杆上尖端两种缺陷，分别如图 3-28 和 3-29 所示。试验的目的是研究在带电情况下，X 射线连续照射是否会对输变电设备 SF_6 气体和内部局部放电产生影响。基于本目的，本研究试验步骤如下：首先

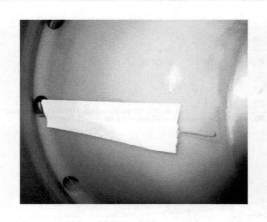

图 3-28　盆式绝缘子上固定金属微粒缺陷

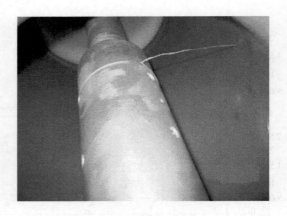

图 3-29　高压导杆上金属尖端缺陷

在 GIS 腔体设置绝缘缺陷，监测其局部放电起始放电电压及击穿电压，在略高于起始放电电压条件下，使用脉冲电流局部放电检测仪观测其局放图谱；然后使用 X 射线机对准腔体布置绝缘缺陷部位进行照射，同时给试品外部施加同样的交流电压。X 射线照射一定时间后，再次检测腔体内局部放电起始电情况。图 3-30 和图 3-31 分别给出了脉冲电流局部放电检测仪现场布置及 X 射线机现场布置。检测完成后，对多次检测图谱进行对照分析，以确定 X 射线照射对 GIS 腔体内局部放电情况是否有影响。

图 3-30　脉冲电流局部放电检测仪现场布置　　　　　图 3-31　X 射线机现场布置

图 3-28 所示盆式绝缘子上固定金属微粒缺陷是用绝缘胶带将一段金属丝贴于盆式绝缘子上，该金属丝两端分别胶距离高压导杆及腔体内壁均 5mm。图 3-29 所示高压导杆上金属尖端缺陷将一段金属铁丝缠绕在高压导杆上，形成尖端正对腔体外壳，尖端距外壳约 0.5mm。

① 盆式绝缘子上固定金属微粒缺陷　盆式绝缘子上固定金属微粒缺陷的 X 射线机距 GIS 罐体中心为 500mm。在该绝缘缺陷下，X 射线照射前，外施 13kV 交流电压，脉冲电流局部放电检测仪所获图谱如图 3-32 所示。

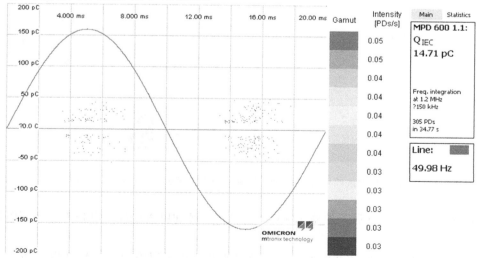

图 3-32　X 射线照射前 13kV 外施交流电压下脉冲电流局部放电图谱

  X 射线照射 1h 后，外施 13kV 交流电压，脉冲电流局部放电检测仪所获图谱如图 3-33 所示。

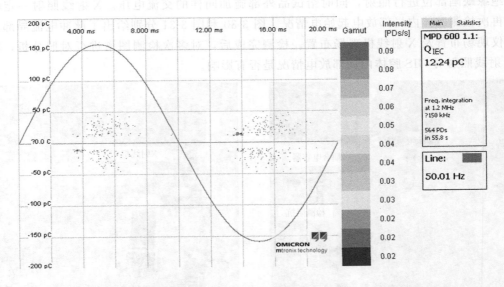

图 3-33 X 射线照射 1h 后 13kV 外施交流电压下脉冲电流局部放电图谱

  X 射线照射 2h 后，外施 13kV 交流电压，脉冲电流局部放电检测仪所获图谱如图 3-34 所示。

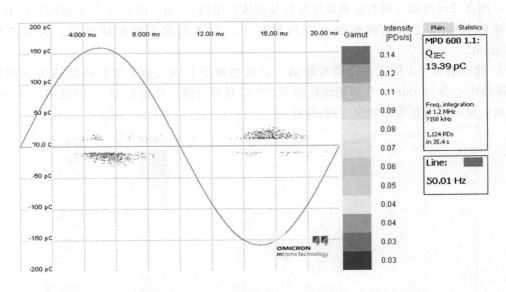

图 3-34 X 射线照射 2h 后 13kV 外施交流电压下脉冲电流局部放电图谱

  X 射线照射 3h20min 后，外施 13kV 交流电压，脉冲电流局部放电检测仪所获图谱如图 3-35 所示。

  从图 3-32～图 3-35 的脉冲电流局放检测仪所获图谱可以看出，在输变电设备内部金属微粒缺陷和带电情况下，利用基于 X 射线的电力设备数字成像透视检测系统进行连续长时

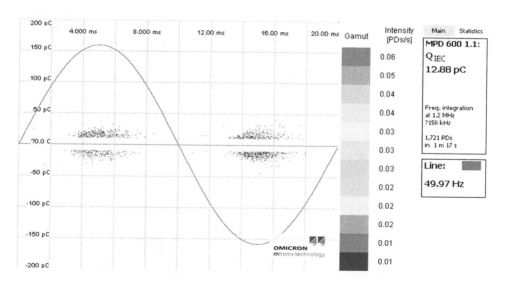

图 3-35　X 射线照射 3h 20min 后 13kV 外施交流电压下脉冲电流局部放电图谱

间照射，GIS 设备内部放电量并没有增大，同时放电次数也没有明显变化趋势。

② 高压导杆上尖端绝缘缺陷　　高压导杆上尖端绝缘缺陷下，X 射线机距 GIS 罐体中心为 480mm。高压导杆上尖端绝缘缺陷，在 X 射线照射前，外施 7.5kV 交流电压，脉冲电流局部放电检测仪所获图谱如图 3-36 所示。

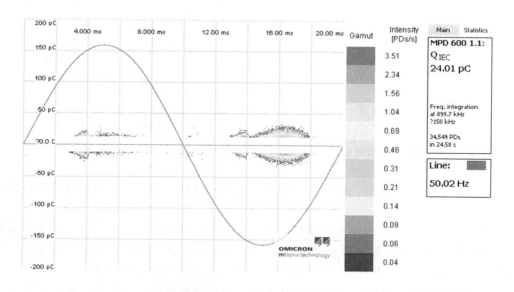

图 3-36　X 射线照射前 7.5kV 外施交流电压下脉冲电流局部放电图谱

X 射线照射 1h 后，外施 7.5kV 交流电压，脉冲电流局部放电检测仪所获图谱如图 3-37 所示。

X 射线照射 2h 后，外施 7.5kV 交流电压，脉冲电流局部放电检测仪所获图谱如图 3-38 所示。

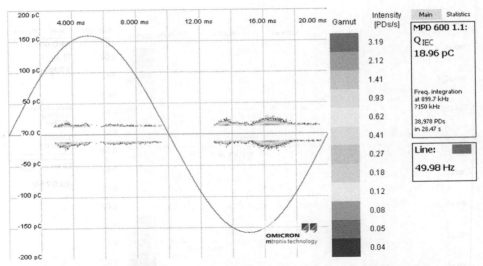

图 3-37　X 射线照射 1h 后 7.5kV 外施交流电压下脉冲电流局部放电图谱

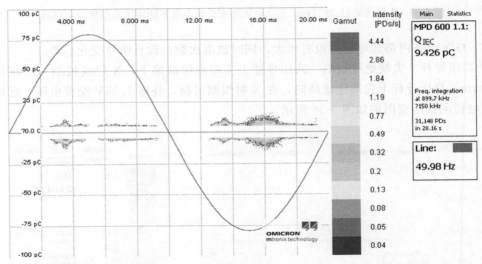

图 3-38　X 射线照射 2h 后 7.5kV 外施交流电压下脉冲电流局部放电图谱

　　X 射线照射 3h 20min 后，外施 7.5kV 交流电压，脉冲电流局部放电检测仪所获图谱如图 3-39 所示。

　　从图 3-36～图 3-39 的脉冲电流局放检测仪所获图谱可以看出，在输变电设备内部尖端缺陷和带电情况下，利用基于 X 射线的电力设备数字成像透视检测系统进行连续长时间照射，GIS 设备内部放电量并没有增大，同时放电次数也没有明显变化趋势。

　　③ 气-质联用仪检测结果　盆式绝缘子上固定金属微粒缺陷在带电条件下，无 X 射线照射 3h 20min 后取样；盆式绝缘子上固定金属微粒缺陷带电且 X 射线连续照射 3h 20min 后取样，利用气-质联用仪对 SF_6 气体分别进行检测，发现分解产物 SO_2F_2。无 X 射线照射条件下，SO_2F_2 含量为 $0.51\mu L/L$，CF_4 含量为 $0.13\mu L/L$，如图 3-40 所示；有 X 射线照射条件下，SO_2F_2 含量为 $0.77\mu L/L$，CF_4 含量为 $0.11\mu L/L$，由于设备内布置了缺陷，放电现象导致 SO_2F_2 产生，且含量无明显差别，与此同时，如图 3-41 可见并没有其他杂峰的产生。

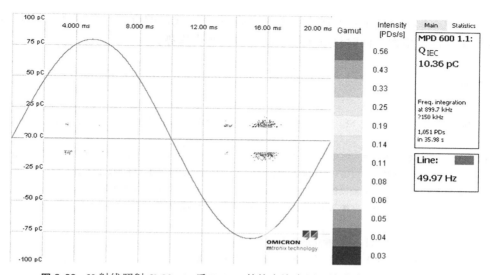

图 3-39　X 射线照射 3h20min 后 7.5kV 外施交流电压下脉冲电流局部放电图谱

因此，认为在带电条件下，X 射线照射不会造成 SF_6 气体的分解。

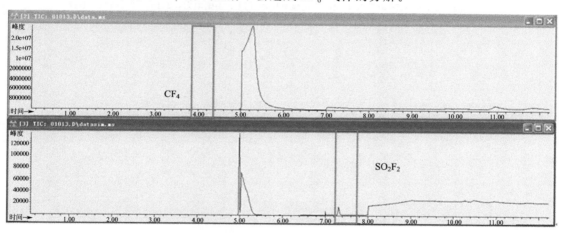

图 3-40　无 X 射线照射盆式绝缘子上固定金属微粒绝缘缺陷的 SF_6 气体图谱

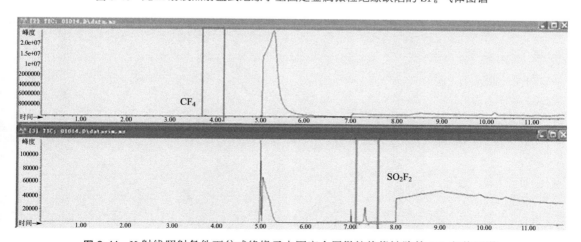

图 3-41　X 射线照射条件下盆式绝缘子上固定金属微粒绝缘缺陷的 SF_6 气体图谱

在带电和不带电条件下，X 射线照射不会造成 SF$_6$ 气体的分解；带电条件下 GIS 设备内部放电量并没有增大，同时放电次数也没有明显变化趋势。

参考文献

［1］　毛建坤,汤会增,洪西凯,等.SF$_6$ 气体分解物组分检测法在 GIS 局部放电故障诊断中的应用［J］.电气技术,2016（08）：99-102.

［2］　吕占杰.X 射线数字成像技术在电力金具及导线检测中的应用研究［D］.北京：华北电力大学,2015.

［3］　刘泽坤.X 射线检测对电力设备环氧树脂影响的研究［D］.北京：华北电力大学,2015.

［4］　徐成龙.透视检测技术对充油设备中绝缘油影响的试验研究［D］.北京：华北电力大学,2015.

［5］　徐成龙,于虹,杜必强,等.高能 X 射线辐射对变压器油绝缘性能影响［J］.云南电力技术,2015,43（03）：88-90.

［6］　高阔.35kV 及以下电力设备的可视化检测技术应用研究［D］.北京：华北电力大学,2014.

［7］　陈伟根,赵立志,彭尚怡,等.激光拉曼光谱应用于变压器油中溶解气体分析［J］.中国电机工程学报,2014,34（15）：2485-2492.

［8］　郭涛涛,王达达,高阔,等.X 射线对变压器油的影响研究［J］.核电子学与探测技术,2012,32（12）：1437-1440.

［9］　闫斌,何喜梅,吴童生,等.GIS 设备 X 射线可视化检测技术［J］.中国电力,2010,43（07）：44-47

第 4 章

X 射线数字成像透视检测系统对电力设备典型缺陷适用性

4.1 GIS 设备典型缺陷概述

云南电网公司是世界首家研发基于 X 射线的电力设备数字成像透视检测系统并应用到 GIS 和罐式断路器设备中的公司，因而无法获知基于 X 射线的电力设备数字成像透视检测系统的适用性。针对这个情况，项目组在云南电网公司超高压试验基地 220kV GIS 试验段上，模拟 GIS 设备异物类、装配类和材料类三大类共计 32 种缺陷工况，并利用基于 X 射线的电力设备数字成像透视检测系统分别对三大类 GIS 典型缺陷进行透视检测的应用研究，以确定基于 X 射线的电力设备数字成像透视检测系统的检测范围与检测能力。缺陷工况如表 4-1 所示。

⊡ 表 4-1　缺陷工况表

序号	缺陷名称	序号	缺陷名称
1	工具异物缺陷	19	螺栓松动缺陷
2	纸巾与棉纱异物缺陷	20	屏蔽罩松动缺陷
3	GIS 罐体内壁绝缘漆脱落缺陷	21	隔离开关合闸不到位缺陷
4	GIS 金属异物缺陷	21	隔离开关合闸不到位缺陷
5	干燥剂散落缺陷	22	隔离开关分闸不到位缺陷
6	操作绝缘杆松脱缺陷	22	隔离开关分闸不到位缺陷
7	操作绝缘杆裂纹缺陷	23	导电杆未插到位缺陷
8	操作绝缘杆气泡缺陷	23	导电杆未插到位缺陷
9	铜金属颗粒缺陷	24	接地开关分闸不到位缺陷
10	铝金属颗粒缺陷	25	接地开关合闸不到位缺陷
11	不锈钢、镀锌微粒缺陷	26	盆子裂纹缺陷
12	导电膏上的铜金属颗粒缺陷	27	弹簧弹片没有压紧缺陷
13	绝缘木屑缺陷	28	弹簧松弛缺陷
14	盆子脏污——金属丝缺陷	29	带电导体尖端缺陷
15	盆子脏污——铜屑缺陷	30	金属悬浮缺陷
16	盆子脏污——导电膏缺陷	31	均压环划伤缺陷
17	中心导体上的脏污——导电膏缺陷	32	盆子划痕缺陷
18	地电极突起缺陷	32	盆子划痕缺陷

4.2 GIS 设备内异物缺陷

4.2.1 工具异物缺陷

工具异物缺陷是在 GIS 罐体底部放置直径为 4mm 的扳手，其在 GIS 设备内部布置情况如图 4-1 所示。工具异物缺陷基于 X 射线的电力设备数字成像透视检测系统在现场布置情况如图 4-2 所示。

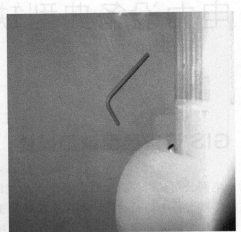

(a) 位置1　　　　　　　　　　　　　　　　　　(b) 位置2

图 4-1　工具异物缺陷在 GIS 设备内部布置情况图

(a) 布置位置1　　　　　　　　　　　　　　　　(b) 布置位置2

图 4-2　工具异物缺陷基于 X 射线的电力设备数字成像透视检测系统现场布置情况

　　针对 GIS 设备工具异物缺陷的布置情况，基于 X 射线的电力设备数字成像透视检测系统利用如表 4-2 所示参数进行透视检测，其 X 射线成像效果如图 4-3 所示。

⊡ **表 4-2　基于 X 射线的电力设备数字成像透视检测系统对工具异物缺陷进行可视化成像的参数设置**

位置序号	电压/kV	电流/mA	曝光时间/s	采集次数	焦距/mm
1	200	2	1	4	1050
2	170	1	2	4	1050

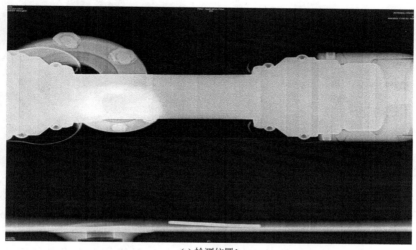

(a) 检测位置1

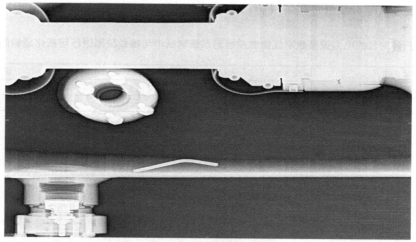

(b) 检测位置2

图 4-3　工具异物缺陷的 X 射线成像效果图

　　从图 4-3 中可以看出，基于 X 射线的电力设备数字成像透视检测系统可以实现对设备内部工具异物缺陷的清晰可视化地展现。

4.2.2　纸巾与棉纱缺陷

纸巾与棉纱缺陷的厚度分别为 4mm 和 5mm，其在 GIS 设备内部布置情况如图 4-4 所示。纸巾与棉纱缺陷基于 X 射线电力设备数字成像透视检测系统现场布置情况如图 4-5 所示。

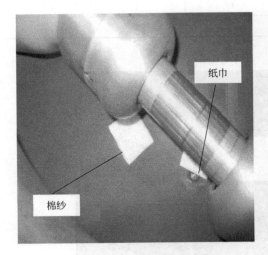

图 4-4　GIS 设备内部布置情况图

图 4-5　基于 X 射线的电力设备数字成像透视检测系统现场布置情况

针对 GIS 设备纸巾与棉纱缺陷的布置情况，基于 X 射线的电力设备数字成像透视检测系统利用如表 4-3 所示参数进行可视化检测，其 X 射线成像效果如图 4-6 所示。

表 4-3　基于 X 射线的电力设备数字成像透视检测系统对纸巾与棉纱缺陷进行可视化成像的参数设置

序号	曝光时间/s	采集次数	电压/kV	电流/mA	焦距/mm
1	110	1	2	4	1000
2	110	0.5	2	4	1000

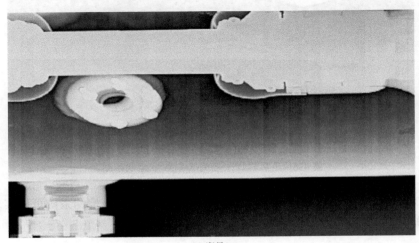

(a) 序号1

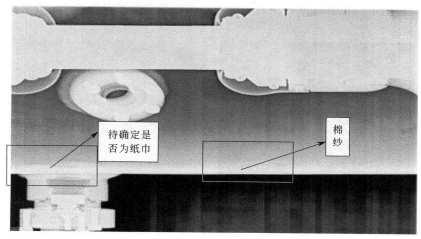

(b) 序号2

图 4-6　纸巾与棉纱缺陷的 X 射线成像效果图

从图 4-6(a) 中可以清楚地看出，GIS 内部纸巾与棉纱所处位置、大小的情况，且通过不断调整 X 射线数字成像系统的参数依然无法确定图中所示位置是否为纸巾和棉纱。因此，将纸巾和棉纱从 GIS 罐体内取出，采用表 4-3 序号 2 所设定参数进行可视化检测，其 X 射线成像效果如图 4-7 所示。

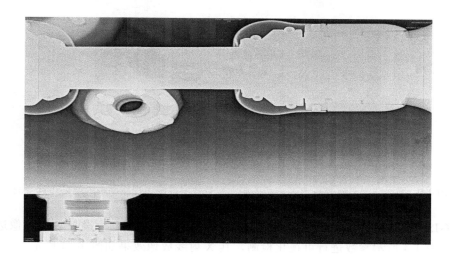

图 4-7　取出纸巾和棉纱，采用表 4-3 序号 2 设定参数检测缺陷的 X 射线成像效果图

从纸巾和棉纱缺陷的 X 射线成像效果图 4-6 与图 4-7 的比对中，可以确定出基于 X 射线的电力设备数字成像透视检测系统无法检测出设备内部厚度为 4mm 的纸巾与棉纱缺陷。

4.2.3　绝缘漆脱落缺陷

绝缘漆脱落缺陷采用绝缘漆碎片，其最长 5mm、最小小于 1mm，以模拟生产运行中设备内部绝缘漆脱落的情况，该缺陷及其在 GIS 设备内部布置情况如图 4-8 所示。绝缘漆脱落缺陷基于 X 射线的电力设备数字成像透视检测系统现场布置情况如图 4-9 所示。

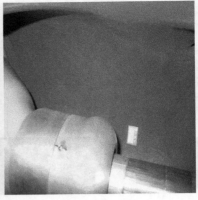

图 4-8   绝缘漆缺陷及其在 GIS 设备内部布置情况

图 4-9   绝缘漆脱落缺陷基于 X 射线的电力设备数字成像透视检测系统现场布置情况

针对 GIS 设备绝缘漆脱落缺陷的布置情况，基于 X 射线的电力设备数字成像透视检测系统利用如表 4-4 所示参数进行可视化检测，其 X 射线成像效果如图 4-10 所示。

表 4-4   基于 X 射线的电力设备数字成像透视检测系统对绝缘漆脱落缺陷进行可视化成像的参数设置

序号	电压/kV	电流/mA	曝光时间/s	采集次数	焦距/mm
1	110	0.5	2	4	1000
2	140	0.5	2	4	1000

从图 4-10 中可以清楚地看出绝缘漆在 GIS 罐体内的分布情况，从而说明了基于 X 射线的电力设备数字成像透视检测系统可以实现对设备内部绝缘漆脱落缺陷的可视化检测。

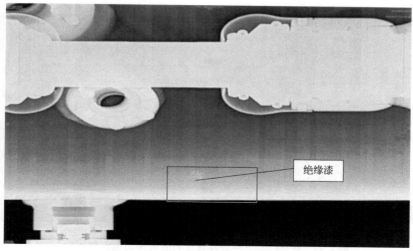

(a) 序号1

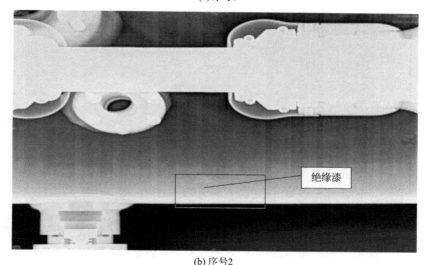

(b) 序号2

图 4-10　绝缘漆脱落缺陷的 X 射线成像效果图

4.2.4　金属装配件缺陷

　　金属装配件缺陷采用 2 个金属垫片、1 个螺栓、1 个螺母、1 个弹片，以模拟安装、运行中因装配件松动而掉落在设备内部的情况，金属装配件尺寸及其在 GIS 设备内部布置情况如图 4-11 所示。

　　针对 GIS 设备金属装配件缺陷的布置情况，基于 X 射线的电力设备数字成像透视检测系统利用如表 4-4 所示参数进行可视化检测，其 X 射线成像效果如图 4-12 所示。

▢ **表 4-5　基于 X 射线的电力设备数字成像透视检测系统对金属装配件缺陷进行可视化成像的参数设置**

曝光时间/s	采集次数	电压/kV	电流/mA	焦距/mm
1.5	4	100	1.0	600

图 4-11　金属装配件尺寸及其在 GIS 设备内部布置情况

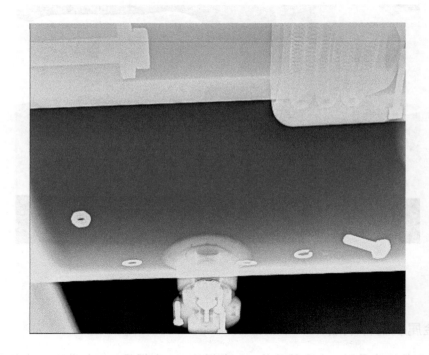

图 4-12　金属装配件缺陷的 X 射线成像效果图

从图 4-12 中可以清楚地看出五个金属装配件在 GIS 罐体底部所处位置及方向，从而说明了基于 X 射线的电力设备数字成像透视检测系统能实现对设备内部金属装配件异物的可视化检测。

4.2.5　干燥剂散落缺陷

干燥剂散落缺陷是在 GIS 罐底放置一些干燥剂颗粒，用于模拟实际运行中因干燥剂袋子破损等情况下而造成干燥剂的散落。该缺陷及其在 GIS 设备内部布置情况如图 4-13 所示。

干燥剂散落缺陷基于 X 射线的电力设备数字成像透视检测系统现场布置情况如图 4-14 所示。

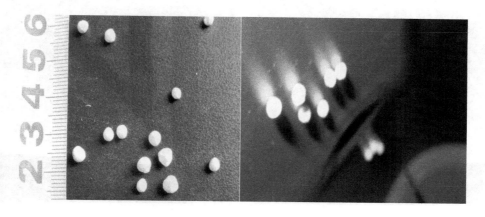

图 4-13　干燥剂散落缺陷及其在 GIS 设备内部布置情况

图 4-14　干燥剂散落缺陷基于 X 射线的电力设备数字成像透视检测系统现场布置情况

　　针对 GIS 设备干燥剂散落缺陷的布置情况，基于 X 射线的电力设备数字成像透视检测系统利用如表 4-6 所示参数进行可视化检测，其 X 射线成像效果如图 4-15 所示。

⊡ **表 4-6**　**基于 X 射线的电力设备数字成像透视检测系统对干燥剂散落缺陷进行可视化成像的参数设置**

曝光时间/s	采集次数	电压/kV	电流/mA	焦距/mm
1.5	4	80	1.0	600

　　从图 4-15 的 X 射线成像效果图中可以看到，在右边本应有 3 个干燥剂颗粒，但在成像效果图中却发现是 4 个颗粒，经检查后发现是 GIS 外壳上所挂油滴而造成的，排除油滴干扰后的 X 射线成像效果图如图 4-16 所示。利用油滴和干燥剂颗粒本身灰度值并不相同的特性，可以分析出哪些是设备本身存在的干燥剂缺陷，哪些是外界干扰。

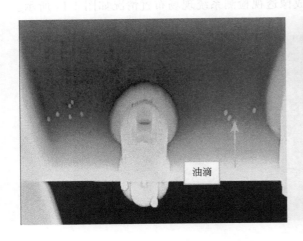

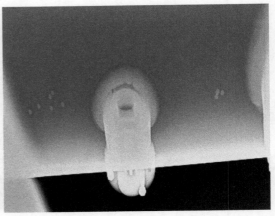

图 4-15　干燥剂散落缺陷的 X 射线成像效果图　　　图 4-16　排除干扰后干燥剂散落缺陷的 X 射线成像效果图

4.3　GIS 设备开关合闸缺陷

4.3.1　隔离开关合闸不到位缺陷

隔离开关合闸不到位缺陷是将 GIS 设备隔离开关进行合闸不到位设置，其情况如图 4-17 所示。

图 4-17　隔离开关合闸不到位缺陷现场布置情况

针对 GIS 设备隔离开关合闸不到位缺陷的情况，且为了与隔离开关合闸到位情况进行比对，基于 X 射线的电力设备数字成像透视检测系统利用如表 4-7 所示参数进行可视化检测，其隔离开关合闸不到位的不同程度与隔离开关合闸到位的 X 射线成像效果分别如

图 4-18 和 4-19 所示。

表 4-7　基于 Ｘ 射线的电力设备数字成像透视检测系统对隔离开关合闸到位与不到位缺陷进行可视化成像的参数设置

电压/kV	电流/mA	曝光时间/s	采集次数	焦距/mm
230	1.5	2	4	770

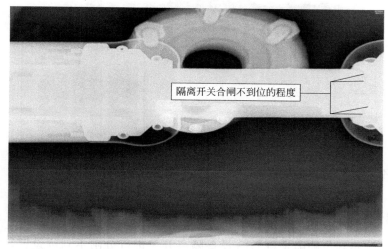

(a) 效果图(1)

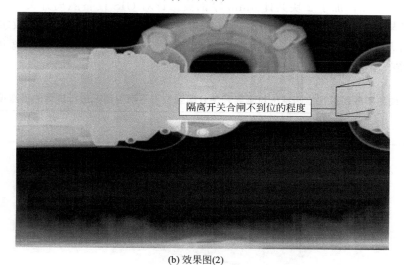

(b) 效果图(2)

图 4-18　隔离开关合闸不到位缺陷的 Ｘ 射线成像效果图

　　图 4-18 是在 Ｘ 射线机出口处设置两块共计 6mm 厚的钢板，其中图 4-18(b) 比图 4-18(a) 隔离开关更加合闸不到位。图 4-19 给出隔离开关合闸到位的成像效果图，其在 Ｘ 射线机的出口处增加了两块共计 1.5mm 厚的铜板，电压 240kV，电流 1mA，其余参数与隔离开关合闸不到位参数一样。从图 4-18 和图 4-19 的对比中可以清楚地看出，GIS 内隔离开关合闸不到位的程度，从而说明了基于 Ｘ 射线的电力设备数字成像透视检测系统能实现对 GIS

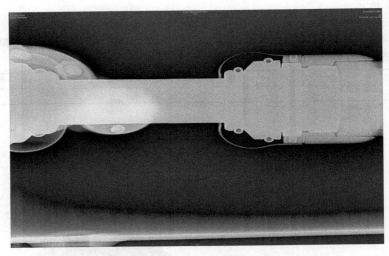

图 4-19 隔离开关合闸到位缺陷的 X 射线成像效果图

隔离开关合闸不到位的可视化检测。

4.3.2 隔离开关分闸不到位缺陷

隔离开关分闸不到位缺陷是将 GIS 设备隔离开关进行分闸不到位设置，分闸不到位与到位相差了 2～3mm，加了 2 块共计 6mm 厚钢板。针对 GIS 设备隔离开关分闸不到位缺陷的情况且为了与隔离开关分闸到位情况进行比对，基于 X 射线的电力设备数字成像透视检测系统利用如表 4-8 所示参数进行可视化检测，其隔离开关分闸不到位与隔离开关分闸到位的 X 射线成像效果分别如图 4-20 和图 4-21 所示。

⊡ **表 4-8 X 射线数字成像透视检测系统对隔离开关分闸到位与不到位情况进行成像的参数设置**

电压/kV	电流/mA	曝光时间/s	采集次数	焦距/mm
200	1.5	2	4	770

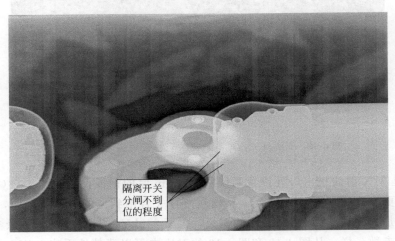

图 4-20 隔离开关分闸不到位缺陷的 X 射线成像效果图

　　从图 4-20 和图 4-21 的对比中可以清楚地看出 GIS 隔离开关分闸不到位的程度，从而说明了基于 X 射线的电力设备数字成像透视检测系统能实现对设备隔离开关分闸不到位的可视化检测。

4.3.3　导电杆未插到位缺陷

　　导电杆未插到位缺陷是将导电杆设置为装配不到位，有 1.8cm 的缝隙，其情况如图 4-22 所示。

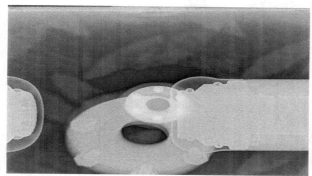

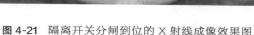

图 4-21　隔离开关分闸到位的 X 射线成像效果图　　　　**图 4-22**　导电杆未插到位缺陷在
　　　　　　　　　　　　　　　　　　　　　　　　　　　　　　　　GIS 设备内部情况

　　针对 GIS 设备导电杆未插到位缺陷的情况，基于 X 射线的电力设备数字成像透视检测系统利用如表 4-9 所示参数进行可视化检测，其导电杆未插到位的 X 射线成像效果分别如图 4-23 所示。

⊡ **表 4-9　X射线数字成像透视检测系统对导电杆未插到位缺陷进行可视化成像的参数设置**

序号	电压/kV	电流/mA	曝光时间/s	采集次数	焦距/mm
1	170	1	2	4	1000
2	190	1	2	4	1000

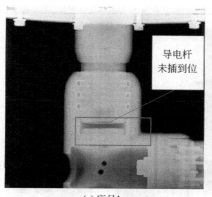
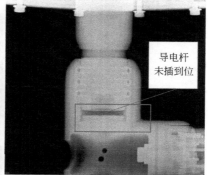

(a) 序号1　　　　　　　　　　　　　　　　(b) 序号2

图 4-23　导电杆未插到位的 X 射线成像效果图

　　从图 4-23 中可以清楚地看出 GIS 导电杆插入深度的情况，从而说明了基于 X 射线的电力设备数字成像透视检测系统能实现对 GIS 设备导电杆插入深度的检测。

4.3.4 接地开关分闸不到位缺陷

接地开关分闸不到位缺陷是将接地开关分闸设置为不到位状态，其基于 X 射线的电力设备数字成像透视检测系统现场布置情况如图 4-24 所示。

图 4-24 接地开关分闸不到位缺陷基于 X 射线
的电力设备数字成像透视检测系统现场布置情况

针对 GIS 设备接地开关分闸不到位缺陷的情况且为了与分闸到位情况进行比对，基于 X 射线的电力设备数字成像透视检测系统利用如表 4-10 所示参数进行可视化检测，其接地开关分闸不到位与接地开关分闸到位的 X 射线成像效果分别如图 4-25 和图 4-26 所示。

表 4-10 X 射线数字成像透视检测系统对接地开关分闸不到位缺陷进行可视化成像的参数设置

电压/kV	电流/mA	曝光时间/s	采集次数	焦距/mm
200	1	2	4	1150

(a) 效果图(1)　　　　　　　　　(b) 效果图(2)

图 4-25 接地开关分闸不到位的 X 射线成像效果图

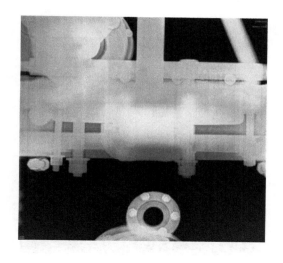

图 4-26　接地开关分闸到位的 X 射线成像效果图

从图 4-25(a) 和 (b) 中可以看出，图(a) 比图(b) 接地开关更加分闸不到位，且从图 4-25 和图 4-26 的对比中可以清楚地看出 GIS 接地开关分闸不到位的程度，从而说明了基于 X 射线的电力设备数字成像透视检测系统能实现对设备接地开关分闸不到位的可视化检测。

4.3.5　接地开关合闸不到位缺陷

接地开关合闸不到位缺陷是将接地开关合闸设置为不到位状态，针对 GIS 设备接地开关合闸不到位缺陷的情况且为了与接地开关合闸到位情况进行比对，基于 X 射线的电力设备数字成像透视检测系统利用如表 4-11 所示参数进行可视化检测，其接地开关合闸不到位和合闸到位的 X 射线成像效果分别如图 4-27 和图 4-28 所示。

⊡ **表 4-11**　基于 X 射线的电力设备数字成像透视检测系统对接地开关合闸不到位缺陷进行可视化成像的参数设置

电压/kV	电流/mA	曝光时间/s	采集次数	焦距/mm
170	1	2	4	1070

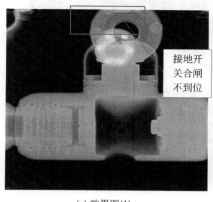

(a) 效果图(1)

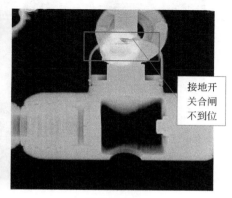

(b) 效果图(2)

图 4-27　接地开关合闸不到位的 X 射线成像效果图

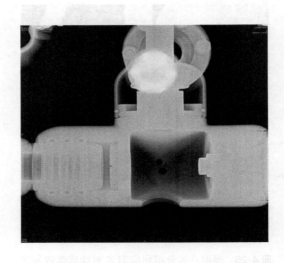

图 4-28　接地开关合闸到位的 X 射线成像效果图

从图 4-27(a) 和（b）中可以看出，图（a）比图（b）接地开关更加合闸不到位，且从图 4-27 和图 4-28 的对比中可以清楚地看出 GIS 接地开关合闸不到位的程度，从而说明了基于 X 射线的电力设备数字成像透视检测系统能实现对设备接地开关合闸不到位的可视化检测。

4.4　GIS 设备部件松动缺陷

4.4.1　螺栓松动缺陷

螺栓松动缺陷是对 GIS 设备内部的螺栓进行松动，螺栓松动缺陷及其基于 X 射线的电力设备数字成像透视检测系统在现场布置情况如图 4-29 所示。

图 4-29　螺栓松动缺陷及其基于 X 射线的电力设备数字成像透视检测系统在现场布置情况

　　针对 GIS 设备内螺栓松动缺陷的情况并为了与螺栓未松动情况进行比对，基于 X 射线的电力设备数字成像透视检测系统利用如表 4-12 所示参数进行可视化检测，其螺栓松动与未松动的 X 射线成像效果分别如图 4-30 和图 4-31 所示。

⊡ **表 4-12　基于 X 射线的电力设备数字成像透视检测系统对螺栓松动与未松动缺陷进行可视化成像的参数设置**

电压/kV	电流/mA	曝光时间/s	采集次数	焦距/mm
170	1	2	4	1000

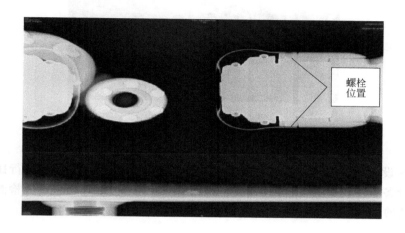

图 4-30　螺栓松动缺陷的 X 射线成像效果图

图 4-31　螺栓未松动的 X 射线成像效果图

　　从图 4-30 和图 4-31 中可以清楚地看出，GIS 螺栓松没松动、松动的程度，从而说明了基于 X 射线的电力设备数字成像透视检测系统能实现对 GIS 设备内部螺栓松动的可视化检测。

4.4.2　屏蔽罩松动缺陷

　　屏蔽罩松动缺陷是对 GIS 设备内屏蔽罩进行松动，屏蔽罩松动情况如图 4-32 所示。

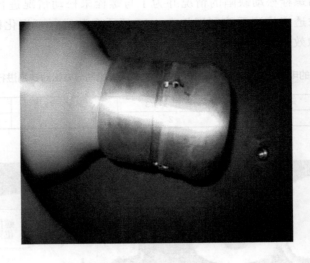

图 4-32　屏蔽罩松动情况

　　针对 GIS 设备内屏蔽罩松动缺陷的情况并为了与屏蔽罩未松动情况进行比对，基于 X 射线的电力设备数字成像透视检测系统利用如表 4-13 所示参数进行可视化检测，其屏蔽罩松动与未松动的 X 射线成像效果分别如图 4-33 和图 4-34 所示。

⊡ 表 4-13　基于 X 射线的电力设备数字成像透视检测系统对屏蔽罩松动与未松动情况进行可视化成像的参数设置

电压/kV	电流/mA	曝光时间/s	采集次数	焦距/mm
140	1	2	4	1050

　　从图 4-33 和图 4-34 中可以清楚地看出 GIS 屏蔽罩松没松动、松动的程度，从而说明了基于 X 射线的电力设备数字成像透视检测系统能实现对 GIS 设备屏蔽罩松动的可视化检测。

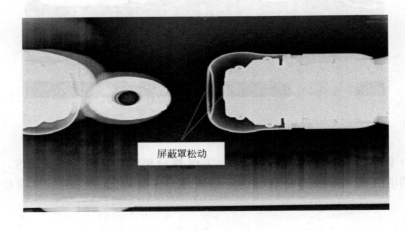

图 4-33　屏蔽罩松动缺陷的 X 射线成像效果图

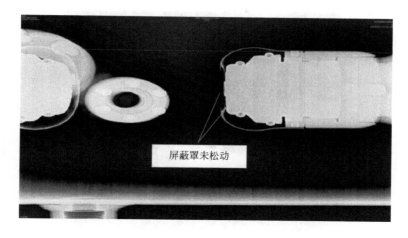

图 4-34　屏蔽罩未松动的 X 射线成像效果图

4.4.3　弹簧弹片没有压紧缺陷

弹簧弹片没有压紧缺陷是将弹簧弹片没有压紧并与弹簧弹片压紧一同放在 GIS 设备内部，其情况如图 4-35 所示。弹簧弹片压紧与没压紧基于 X 射线的电力设备数字成像透视检测系统在现场布置情况如图 4-36 所示。

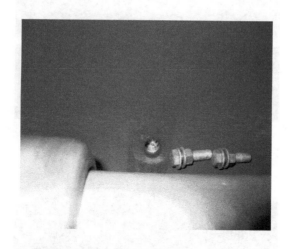

图 4-35　弹簧弹片未压紧与压紧在 GIS 内布置情况

针对弹簧弹片压紧与未压紧，基于 X 射线的电力设备数字成像透视检测系统利用如表 4-14 所示参数进行可视化检测，其 X 射线成像效果如图 4-37 所示。

⊡ **表 4-14**　基于 X 射线的电力设备数字成像透视检测系统对弹簧弹片压紧与未压紧情况进行可视化成像的参数设置

序号	电压/kV	电流/mA	曝光时间/s	采集次数	焦距/mm
1	170	1	2	4	1100
2	200	1	2	4	1100

图 4-36   弹簧弹片压紧与未压紧基于 X 射线的电力设备数字成像透视检测系统现场布置情况

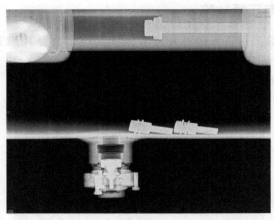

(a) 序号1

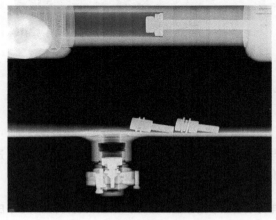

(b) 序号2

图 4-37   弹簧弹片压紧与未压紧的 X 射线成像效果图

从图 4-37 中通过弹簧弹片压紧与未压紧的比对可以清楚地看出弹簧弹片压紧与未压紧，从而说明了基于 X 射线的电力设备数字成像透视检测系统能实现对弹簧弹片压压紧、未压紧程度的可视化检测。

4.4.4　弹簧松弛缺陷

弹簧松弛缺陷是将弹簧撑开以模拟实际安装、检修等情况造成弹簧松弛的情况，弹簧松弛缺陷在 GIS 设备内部布置情况如图 4-38 所示。弹簧松弛缺陷基于 X 射线的电力设备数字成像透视检测系统在现场布置情况如图 4-39 所示。

图 4-38　弹簧松弛缺陷在 GIS 内布置情况　　图 4-39　弹簧松弛缺陷现场布置情况

针对弹簧松弛缺陷，基于 X 射线的电力设备数字成像透视检测系统利用如表 4-15 所示参数进行可视化检测，其 X 射线成像效果如图 4-40 所示。

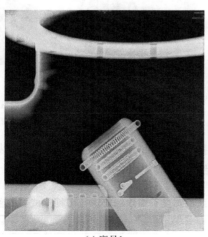 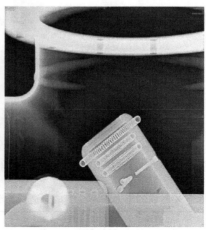

(a) 序号1　　　　　　　　　　　　(b) 序号2

图 4-40　弹簧松弛缺陷的 X 射线成像效果图

⊡ 表 4-15　X 射线电力设备数字成像透视检测系统对弹簧松弛缺陷进行可视化成像的参数设置

序号	电压/kV	电流/mA	曝光时间/s	采集次数	焦距/mm
1	170	1	2	4	850
2	140	1	2	4	850

弹簧松弛缺陷通过 X 射线成像效果图观察弹簧的疏密程度，判断弹簧是否松弛。从图 4-40 中可以清楚地看出，最上面的弹簧与下面弹簧相差的弛程度，从而说明了基于 X 射线的电力设备数字成像透视检测系统能实现对弹簧松没松弛、松弛程度的可视化检测。

4.5　GIS 设备部件损坏缺陷

4.5.1　盆子裂纹缺陷

盆子裂纹缺陷是在盆子上取一段环氧树脂在上面设置一段裂纹，此裂纹比毫米低一个等级，约 0.1~0.2mm 之间，其在 GIS 设备内部布置情况如图 4-41 所示。盆子裂纹缺陷基于 X 射线的电力设备数字成像透视检测系统在现场布置情况如图 4-42 所示。

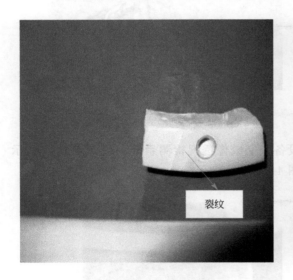

图 4-41　盆子裂纹缺陷在 GIS 内布置情况

图 4-42　盆子裂纹缺陷基于 X 射线的电力设备数字成像透视检测系统现场布置情况

针对盆子裂纹缺陷，基于 X 射线的电力设备数字成像透视检测系统利用如表 4-16 所示参数进行可视化检测，其盆子裂纹缺陷的 X 射线成像效果如图 4-43 所示。

⊡ 表 4-16　基于 X 射线的电力设备数字成像透视检测系统对盆子裂纹缺陷进行可视化成像的参数设置

序号	电压/kV	电流/mA	曝光时间/s	采集次数	焦距/mm
1	140	1	2	4	1100
2	160	1	2	4	1100

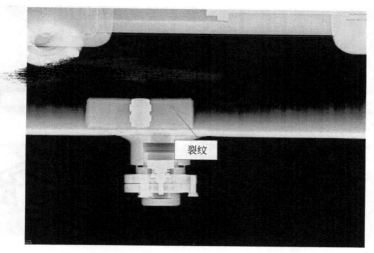

(a) 序号1

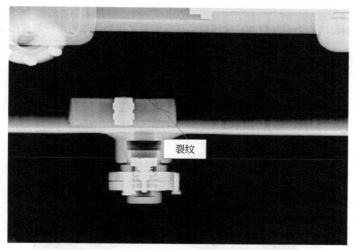

(b) 序号2

图 4-43　盆子裂纹的 X 射线成像效果图

从图 4-43 中可以清楚地看出，盆子裂纹的程度，从而说明了基于 X 射线的电力设备数字成像透视检测系统能实现对 GIS 设备盆子裂纹的可视化检测。

4.5.2　盆子划痕缺陷

盆子划痕缺陷首先在盆子上划宽度和深度分别为 2mm 和 1mm 的划痕，以模拟实际安装、检修等情况造成盆子上面的划痕，设备内部及现场布置情况分别如图 4-44 所示。

针对盆子划痕缺陷，基于 X 射线的电力设备数字成像透视检测系统利用如表 4-17 所示参数进行可视化检测，其 X 射线成像效果如图 4-45 所示。

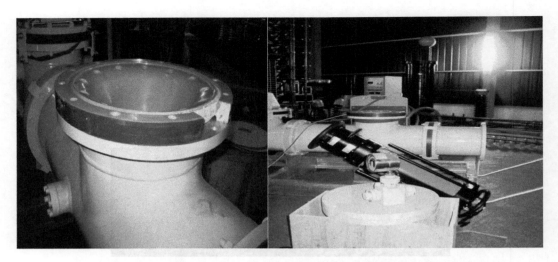

图 4-44　盆子划痕缺陷在 GIS 设备内部及基于 X 射线的电力设备数字成像透视检测系统在现场布置情况

▣ **表 4-17**　基于 X 射线的电力设备数字成像透视检测系统对盆子划痕缺陷进行可视化成像的参数设置

电压/kV	电流/mA	曝光时间/s	采集次数	焦距/mm
170	1	2	4	1050

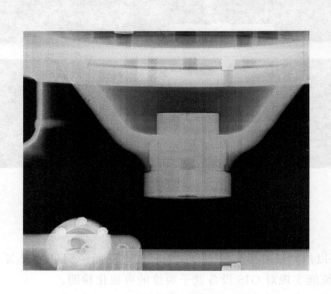

图 4-45　盆子划痕缺陷的 X 射线成像效果图

从图 4-45 中可以看出，针对盆子上宽度和深度分别为 2mm 和 1mm 的划痕，利用基于 X 射线的电力设备数字成像透视检测系统无法可视化检测出来。因此，加大划痕深度和宽度，宽度 5mm，深为 3mm，盆子划痕缺陷情况如图 4-46 所示。

基于 X 射线的电力设备数字成像透视检测系统利用如表 4-18 所示参数进行可视化检测，其 X 射线成像效果如图 4-47 所示。

图 4-46　盆子划痕缺陷情况

⊡ 表 4-18　基于 X 射线的电力设备数字成像透视检测系统对盆子划痕缺陷进行可视化成像的参数设置

电压/kV	电流/mA	曝光时间/s	采集次数	焦距/mm
160	1	2	4	1040

对盆子上划痕宽度为 3mm，深 2mm 缺陷进行可视化检测，其缺陷布置情况如图 4-48 所示。

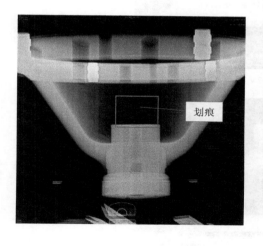

图 4-47　盆子划痕裂纹缺陷的 X 射线成像效果图　　　　图 4-48　盆子划痕缺陷布置情况

基于 X 射线的电力设备数字成像透视检测系统利用如表 4-19 所示参数进行可视化检测，其 X 射线成像效果如图 4-49 所示。

⊡ 表 4-19　几种基于 X 射线的电力设备数字成像透视检测系统对盆子划痕缺陷进行可视化成像的参数设置

序号	电压/kV	电流/mA	曝光时间/s	采集次数	焦距/mm
1	140	1	2	4	1040
2	120	1	2	4	1040
3	160	1	2	4	1040

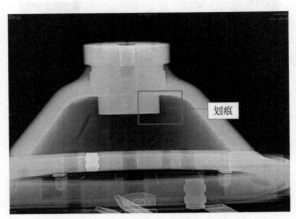

(a) 序号1

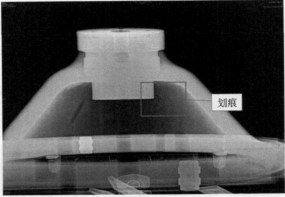

(b) 序号2

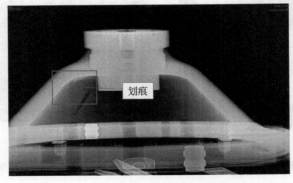

(c) 序号3

图 4-49　几种盆子划痕缺陷的 X 射线成像效果图

　　从以上盆子划痕缺陷的 X 射线数字成像效果图可以看出，如果盆子上的划痕的宽度和深度如不达到一定程度，则基于 X 射线的电力设备数字成像透视检测系统无法检测出来盆子上的划痕。

4.5.3　带电导体尖端缺陷

　　带电导体尖端缺陷是在 GIS 导电杆上绑上一根金属丝，其高度为 1cm 左右，用于模拟生产运行过程中导电杆上出现的尖端缺陷，带电导体尖端缺陷在 GIS 设备内部布置情况如图 4-50 所示。带电导体尖端缺陷基于 X 射线的电力设备数字成像透视检测系统在现场布置情况如图 4-51 所示。

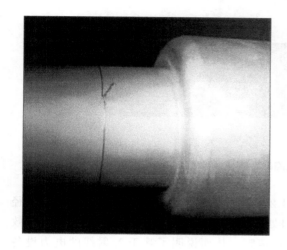

图 4-50　带电导体尖端缺陷内部布置情况

图 4-51　带电导体尖端缺陷 X 射线照射现场情况

　　针对带电导体尖端缺陷，基于 X 射线的电力设备数字成像透视检测系统利用如表 4-20 所示参数进行可视化检测，其 X 射线成像效果如图 4-52 所示。

▫ **表 4-20　基于 X 射线的电力设备数字成像透视检测系统对带电导体尖端缺陷进行可视化成像的参数设置**

序号	电压/kV	电流/mA	焦距/mm	曝光时间/s	采集次数
1	265	3.0	850	8	4
2	260	2.8	850	1.5	5

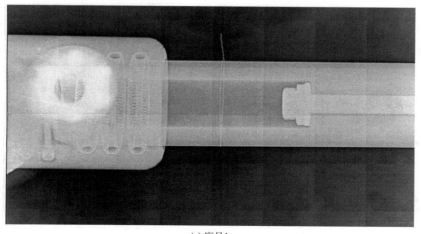

(a) 序号1

图 4-52

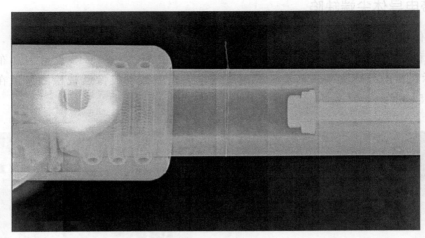

(b) 序号2

图 4-52 带电导体尖端缺陷的 X 射线成像效果图

图 4-52 分别是对应于表 4-20 序号 1 和序号 2 参数设置的 X 射线成像效果图，弹簧直径约为 10cm，在成像过程中均未在 X 射线机出口处设置铅板。同时，为了获得弹簧清晰的效果，在第 2 次实验，曝光时间设置为 1.5s，弹簧清晰，从而说明了基于 X 射线的电力设备数字成像透视检测系统能实现对带电导体尖端缺陷的可视化检测。

4.5.4 金属悬浮缺陷

金属悬浮缺陷是用绝缘棉线将一段金属片吊到导电杆下面，但不与 GIS 罐体底部接触，该缺陷照片及在 GIS 设备内部布置情况如图 4-53 所示。针对金属悬浮缺陷，基于 X 射线的电力设备数字成像透视检测系统利用如表 4-21 所示参数进行可视化检测，其 X 射线成像效果如图 4-54 所示。

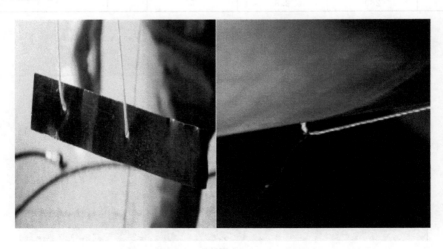

图 4-53 金属悬浮缺陷及其在 GIS 设备内部布置情况

▣ 表 4-21　基于 X 射线的电力设备数字成像透视检测系统对金属悬浮缺陷进行可视化成像的参数设置

曝光时间/s	采集次数	电压/kV	电流/mA	焦距/mm
1.5	4	100	1.0	600

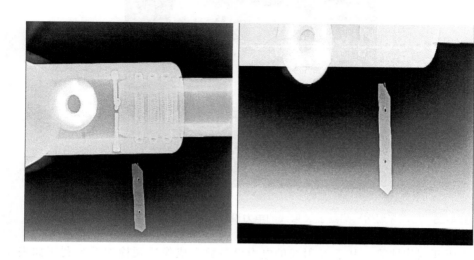

图 4-54　金属悬浮物缺陷的 X 射线成像效果图

从图 4-54 中可以清楚地看出 GIS 设备内部金属悬浮物,其能确定悬浮物缺陷位置,从而说明了基于 X 射线的电力设备数字成像透视检测系统能实现对金属悬浮缺陷的可视化检测。

4.5.5　均压环划伤缺陷

均压环划伤缺陷是将均压环划伤,用于模拟由于运行、检修等情况造成部件划伤缺陷,划痕长 4cm,宽和深 0.2mm。该缺陷实际情况和现场布置情况分别如图 4-55 和图 4-56 所示。

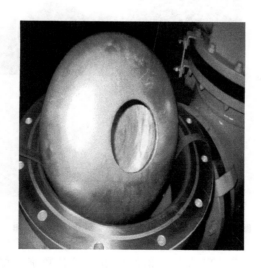

图 4-55　均压环划伤缺陷实际情况

图 4-56　均压环划伤缺陷基于 X 射线的电力设备数字成像透视检测系统现场布置情况

　　针对均压环划伤缺陷，基于 X 射线的电力设备数字成像透视检测系统利用如表 4-22 所示参数进行可视化检测，其 X 射线成像效果如图 4-57 所示。

表 4-22　基于 X 射线的电力设备数字成像透视检测系统对均压环划伤缺陷进行可视化成像的参数设置

序号	电压/kV	电流/mA	曝光时间/s	采集次数	焦距/mm
1	100	1	2	4	1000
3	60	1	2	4	1000

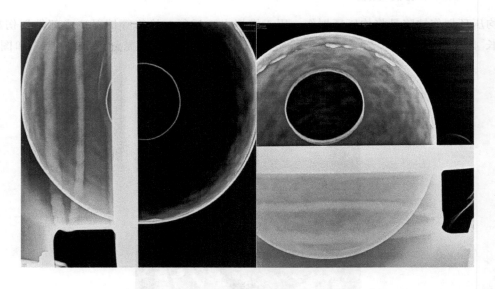

图 4-57　均压环划伤缺陷的 X 射线成像效果图

　　通过多次试验检测，最终发现基于 X 射线的电力设备数字成像透视检测系统无法检测设备部件上宽度和深度达到 0.2mm 及以下的划伤缺陷。

4.5.6　操作绝缘杆松脱缺陷

操作绝缘杆松脱缺陷是将操作绝缘杆放置在 GIS 罐体底部以模拟在安装、运行、检修等情况下造成的操作绝缘杆松脱的缺陷，该缺陷在 GIS 设备内部布置情况及利用基于 X 射线的电力设备数字成像透视检测系统在现场布置情况分别如图 4-58 和图 4-59 所示。

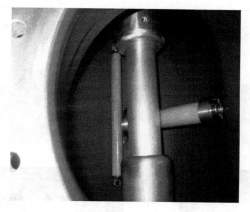

图 4-58　操作绝缘杆松脱缺陷
在 GIS 设备内部布置情况

图 4-59　操作绝缘杆松脱缺陷
基于 X 射线的电力设备数字成像透视
检测系统在现场布置情况

针对操作绝缘杆松脱缺陷，基于 X 射线的电力设备数字成像透视检测系统利用如表 4-23 所示参数进行可视化检测，其 X 射线成像效果如图 4-60 所示。

表 4-23　X 射线数字成像透视检测系统对操作绝缘杆松脱缺陷进行可视化成像的参数设置

序号	电压/kV	电流/mA	曝光时间/s	采集次数	焦距/mm
1	170	1	2	4	1100
2	140	1	2	4	1100

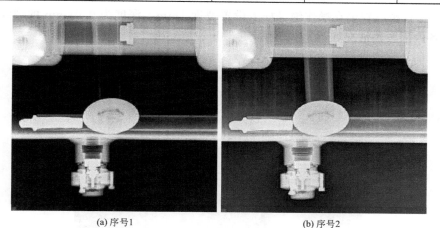

(a) 序号1　　　　　　　　　　(b) 序号2

图 4-60　操作绝缘杆松脱缺陷的 X 射线成像效果图

将操作绝缘杆螺栓进行松动，其在 GIS 罐体内布置情况及其 X 射线数字成像效果图分别如图 4-61 和 4-62 所示，基于 X 射线的电力设备数字成像透视检测系统利用表 4-24 所示参数进行 X 射线透照成像。

▣ 表 4-24 X 射线数字成像透视检测系统对操作绝缘杆螺栓松动缺陷进行可视化成像的参数设置

电压/kV	电流/mA	曝光时间/s	采集次数	焦距/mm
120	1	2	4	1100

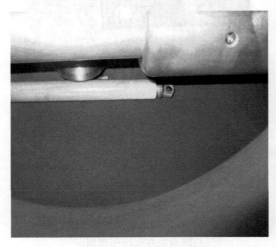 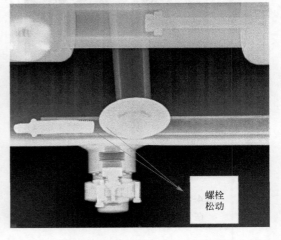

图 4-61　操作绝缘杆螺栓松动缺陷布置情况图　　图 4-62　操作绝缘杆松脱缺陷的 X 射线成像效果图

从图 4-62 中，可以清楚地看出在 GIS 设备内部存在操作绝缘杆松脱和操作绝缘杆螺栓松动的情况，从而说明了基于 X 射线的电力设备数字成像透视检测系统能实现对设备内部操作绝缘杆松脱和操作绝缘杆螺栓松动缺陷的可视化检测。

4.5.7　操作绝缘杆裂纹缺陷

操作绝缘杆裂纹缺陷在操作绝缘杆上设置宽度 1mm，深度为 0.01mm 的裂纹缺陷，其在 GIS 设备内部布置情况如图 4-63 所示。

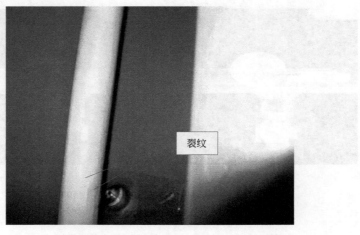

图 4-63　操作绝缘杆裂纹缺陷在 GIS 设备内部布置情况

　　针对 GIS 操作绝缘杆裂纹缺陷，对基于 X 射线的电力设备数字成像透视检测系统使用表 4-25 所示参数进行操作绝缘杆裂纹缺陷的可视化检测，其 X 射线成像效果如图 4-64 所示。

▫ **表 4-25　基于 X 射线的电力设备数字成像透视检测系统对操作绝缘杆裂纹缺陷进行可视化成像的参数设置**

序号	电压/kV	电流/mA	曝光时间/s	采集次数	焦距/mm
1	100	1	2	4	1100
2	80	1	2	4	1100

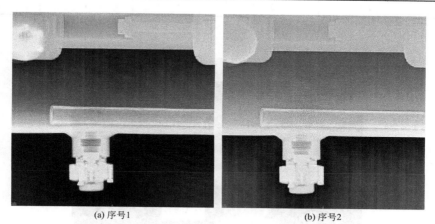

(a) 序号1　　　　　　　　　　(b) 序号2

图 4-64　操作绝缘杆裂纹缺陷的 X 射线成像效果图

　　从图 4-64 中无法看出宽度为 1mm，深度为 0.01mm 的操作绝缘杆裂纹，因而在 X 射线机的出口处增加一块 3mm 厚的钢板，但其 X 射线检测仍无法看出操作绝缘杆裂纹，因此可以得出基于 X 射线的电力设备数字成像透视检测系统无法对操作绝缘杆裂纹宽度为 1mm，深度为 0.01mm 的缺陷进行可视化检测。

4.5.8　操作绝缘杆气泡缺陷

　　操作绝缘杆气泡缺陷是模拟由于安装、运行、检修等情况下造成的缺陷，该缺陷及其在 GIS 设备内部布置情况如图 4-65 所示。

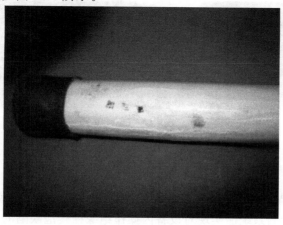

图 4-65　操作绝缘杆气泡缺陷及其在 GIS 设备内部布置情况

针对操作绝缘杆气泡缺陷，基于 X 射线的电力设备数字成像透视检测系统利用如表 4-26 所示参数进行可视化检测，其 X 射线成像效果如图 4-66 所示。

▣ 表 4-26　基于 X 射线的电力设备数字成像透视检测系统对操作绝缘杆气泡缺陷进行可视化成像的参数设置

序号	电压/kV	电流/mA	曝光时间/s	采集次数	焦距/mm
1	140	1	2	4	1100
2	120	1	2	4	1100

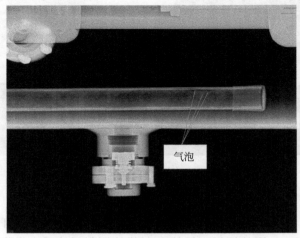

(a) 序号1

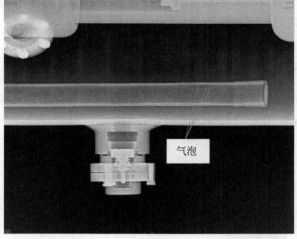

(b) 序号2

图 4-66　操作绝缘杆气泡缺陷的 X 射线成像效果图

从图 4-66 中可以清晰地看到操作绝缘杆气泡缺陷的情况，从而说明了基于 X 射线的电力设备数字成像透视检测系统能实现对设备内操作绝缘杆气泡缺陷的可视化检测。

4.6　GIS 设备金属异物与脏污缺陷

4.6.1　铜金属颗粒缺陷

　　铜金属颗粒缺陷是在 GIS 罐底摆放一些铜屑，用以模拟实际运行中因摩擦等原因造成的金属屑掉落罐底的情况。铜屑的尺寸如图 4-67 所示，铜金属颗粒尺寸均在 0.1～0.3mm。为了防止该缺陷清理不干净而造成的试验数据错误，该缺陷以及下面所有涉及微小颗粒的缺陷都用两层不干胶纸将被布置的颗粒进行固定。铜金属颗粒缺陷在 GIS 设备内部布置情况如图 4-68 所示。本缺陷在 X 光机的出口处设置铅板。

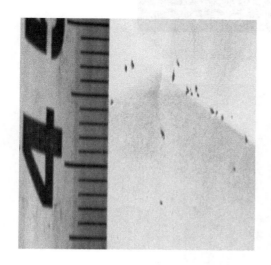 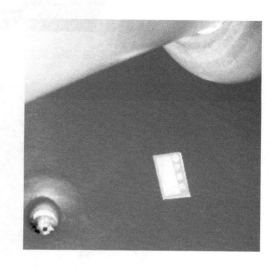

图 4-67　铜金属颗粒缺陷　　　　　　图 4-68　铜金属颗粒缺陷在 GIS 设备内部布置情况

　　针对铜金属颗粒缺陷，基于 X 射线的电力设备数字成像透视检测系统利用如表 4-27 所示参数进行可视化检测，其 X 射线成像效果如图 4-69 所示。

表 4-27　基于 X 射线的电力设备数字成像透视检测系统对铜金属颗粒缺陷进行可视化成像的参数设置

曝光时间/s	采集次数	电压/kV	电流/mA	焦距/mm
1.5	4	80	1.0	600

　　从图 4-69 中可以清晰地看到铜金属颗粒散落在 GIS 罐体底部的情况，从而说明了基于 X 射线的电力设备数字成像透视检测系统能实现对设备内部铜金属颗粒缺陷的可视化检测。

4.6.2　铝金属颗粒缺陷

　　铝金属颗粒缺陷是在 GIS 罐底摆放一些铝金属颗粒，用以模拟实际运行中因摩擦等原因造成的铝金属屑掉落罐底的工况。铝屑的尺寸小于 1mm，如图 4-70 所示。参照铜金属颗粒的情况，铝金属颗粒也同样使用了散落碎末式的布局，之后由于 X 射线检测不到散落式的碎末，将散落式的布置方式改为堆式的布置方式，图 4-71 和图 4-72 可以看到具体布置情况。

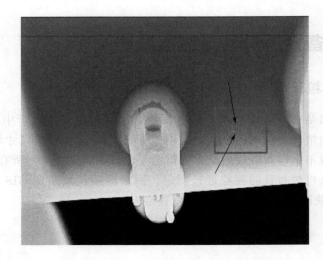

图 4-69 铜金属颗粒缺陷的 X 射线成像效果图

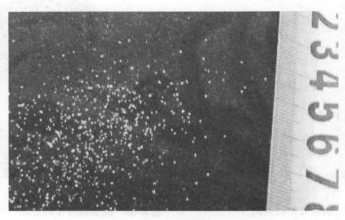

图 4-70 铝金属颗粒缺陷

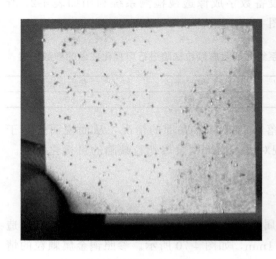

图 4-71 铝金属颗粒第一种布置方式

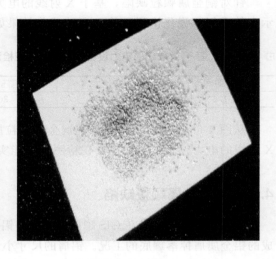

图 4-72 铝金属颗粒的第二种布置方式

针对铜金属颗粒缺陷，基于 X 射线的电力设备数字成像透视检测系统利用如表 4-28 所示参数进行可视化检测，其 X 射线成像效果如图 4-73 和图 4-74 所示。

▢ **表 4-28　基于 X 射线的电力设备数字成像透视检测系统对铝金属颗粒缺陷进行可视化成像的参数设置**

序号	曝光时间/s	采集次数	电压/kV	电流/mA	焦距/mm
1	1.5	4	80	1.0	600
2-1	1.5	4	80	1.0	600
2-2	1.5	4	100	1.0	600

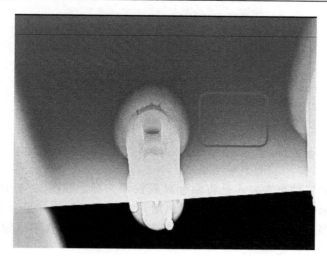

图 4-73　铝金属颗粒第一种布置方式的 X 射线成像效果图

铝金属颗粒缺陷在图 4-73 中文本框中位置，但是经过多次改变参数照射，均不能看到铝金属颗粒，因而，铝金属颗粒的第一种布置方式无法用基于 X 射线的电力设备数字成像透视检测系统检测出来。

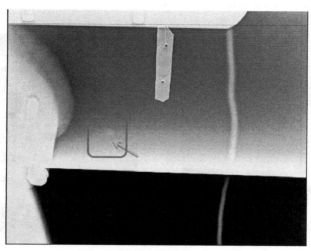

(a) 序号2-1

图 4-74

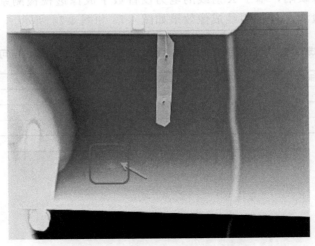

(b) 序号2-2

图 4-74　铝金属颗粒第二种布置方式的 X 射线成像效果图

　　铝金属颗粒的第二种布置方式是将铝金属颗粒堆一堆，在图 4-74 中可以看到铝金属颗粒所处位置，但效果并不非常好。由此可得出结论，铝金属颗粒如果分散开是无法看到的，但铝金属颗粒若较多地堆在一起，利用基于 X 射线的电力设备数字成像透视检测系统能够实现对铝金属颗粒的可视化检测。

4.6.3　不锈钢、镀锌颗粒缺陷

　　本缺陷是模拟由于安装、运行、检修等情况而造成不锈钢、镀锌颗粒情况，不锈钢与镀锌颗粒缺陷在 GIS 设备内部布置情况及基于 X 射线的电力设备数字成像透视检测系统在生产现场布置情况分别如图 4-75 和图 4-76 所示。

图 4-75　缺陷在 GIS 设备内部布置情况　　　　　　　　**图 4-76　现场布置情况**

　　针对不锈钢、镀锌颗粒缺陷，基于 X 射线的电力设备数字成像透视检测系统利用如表 4-29 所示参数进行可视化检测，其 X 射线成像效果如图 4-77 所示。

⊡ **表 4-29　X 射线数字成像透视检测系统对不锈钢、镀锌颗粒缺陷进行可视化成像的参数设置**

序号	电压/kV	电流/mA	曝光时间/s	采集次数	焦距/mm
1	150	1	2	4	1100
2	140	1	2	4	1100

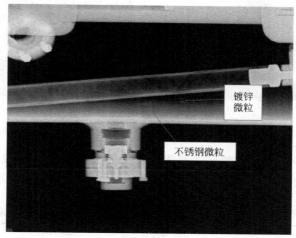

(a) 序号1

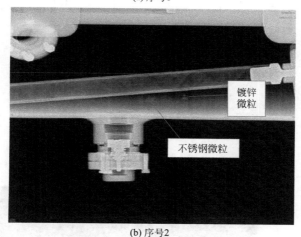

(b) 序号2

图 4-77　不锈钢、镀锌颗粒缺陷的 X 射线成像效果图

　　从图 4-77 中可以清晰地看到不锈钢与镀锌颗粒散落在 GIS 罐体底部的情况，从而说明了基于 X 射线的电力设备数字成像透视检测系统能实现对设备内不锈钢与镀锌颗粒缺陷的可视化检测。

4.6.4　导电膏上的铜金属颗粒缺陷

　　导电膏上的铜金属颗粒缺陷是将铜金属颗粒上涂抹了导电膏并放置在 GIS 罐底。缺陷及其在 GIS 设备内布置情况分别如图 4-78 和图 4-79 所示。

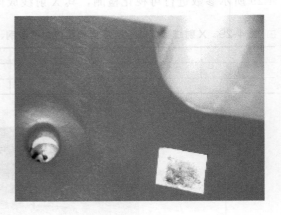

图 4-78　铜金属颗粒涂抹导电膏缺陷　　　　图 4-79　铜金属颗粒涂抹导电膏 GIS 内布置情况

　　针对导电膏上的铜金属颗粒缺陷，基于 X 射线的电力设备数字成像透视检测系统利用如表 4-30 所示参数进行可视化检测，其 X 射线成像效果如图 4-80 所示。

▫ 表 4-30　X 射线成像透视检测系统对导电膏上的铜金属颗粒缺陷进行可视化成像的参数设置

曝光时间/s	采集次数	电压/kV	电流/mA	焦距/mm
1.5	4	80	1.0	600

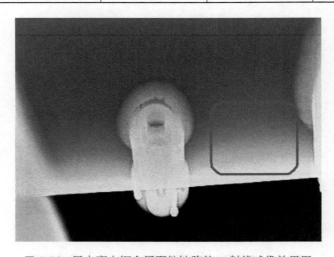

图 4-80　导电膏上铜金属颗粒缺陷的 X 射线成像效果图

　　导电膏上的铜金属颗粒缺陷与铝金属颗粒缺陷一样，利用基于 X 射线的电力设备数字成像透视检测系统无法检测到本缺陷，原因有以下两点：金属颗粒太小和金属颗粒太分散所造成的。

4.6.5　绝缘木屑缺陷

　　绝缘木屑缺陷是将一些绝缘木屑放置在 GIS 罐底，用以模拟实际运行中由于绝缘材料的磨损而散落罐底的情况。缺陷及其在 GIS 设备内布置情况分别如图 4-81 所示。

图 4-81　绝缘木屑缺陷及在 GIS 设备内布置情况

　　针对绝缘木屑缺陷，基于 X 射线的电力设备数字成像透视检测系统利用如表 4-31 所示参数进行可视化检测，其 X 射线成像效果如图 4-82 所示。

□ **表 4-31**　**基于 X 射线的电力设备数字成像透视检测系统对绝缘木屑缺陷进行可视化成像的参数设置**

曝光时间/s	采集次数	电压/kV	电流/mA	焦距/mm
1.5	4	80	1.0	600

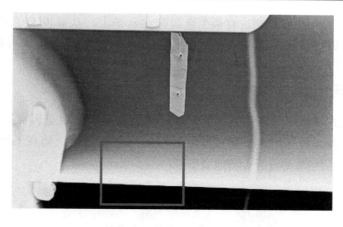

图 4-82　绝缘木屑缺陷的 X 射线成像效果图

　　绝缘木屑由于其材质原因，X 射线直接将其穿透，因而在图 4-82 的 X 射线成像图中从无法看到 GIS 设备内部的绝缘木屑缺陷，从而说明了基于 X 射线的电力设备数字成像透视检测系统不能实现对设备内绝缘木屑缺陷的可视化检测。

4.6.6　盆子脏污（金属丝）缺陷

　　盆子脏污（金属丝）缺陷是在盆式绝缘子上摆放铁丝，用以模拟在安装、生产运行中金属丝掉落到盆子上的情况。项目组放置的铁丝直径都在 2mm 以下，盆式绝缘子的直径是 40cm 左右。盆子脏污（金属丝）缺陷在 GIS 设备内部布置情况如图 4-83 所示。针对 GIS 盆子脏污（金属丝）缺陷，基于 X 射线的电力设备数字成像透视检测系统利用如表 4-32 所示参数进行可视化检测，其 X 射线成像效果如图 4-84 所示。

⊡ 表 4-32　基于 X 射线的电力设备数字成像透视检测系统对盆子脏污（金属丝）缺陷进行可视化成像的参数设置

曝光时间/s	采集次数	电压/kV	电流/mA	焦距/mm
1.5	4	150	1.5	700

 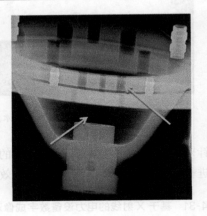

图 4-83　盆子脏污（金属丝）　　　　图 4-84　盆子脏污（金属丝）缺陷的 X
缺陷 GIS 设备内部布置情况　　　　　　　　　射线成像效果图

从图 4-84 中可以清楚地看到，有两个金属丝在盆子上，从而说明了基于 X 射线的电力设备数字成像透视检测系统能实现对设备内盆子脏污（金属丝）缺陷的可视化检测。

4.6.7　盆子脏污（铜屑）缺陷

本缺陷是在盆式绝缘子上悬挂金属屑，用以模拟实际运行中金属掉落到盆子上的情况。金属屑即是项目组前面所有的铜金属颗粒，盆子脏污（铜屑）缺陷在 GIS 设备内部布置情况如图 4-85 所示。

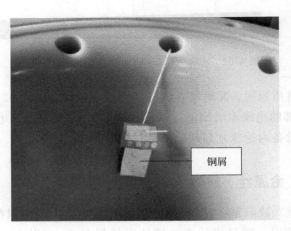

铜屑

图 4-85　盆子脏污（铜屑）缺陷在 GIS 设备内部布置情况图

　　针对 GIS 盆子脏污（铜屑）缺陷，基于 X 射线的电力设备数字成像透视检测系统利用如表 4-33 所示参数进行可视化检测，其 X 射线成像效果如图 4-86 所示。

⊡ **表 4-33　基于 X 射线的电力设备数字成像透视检测系统对盆子脏污（铜屑）缺陷进行可视化成像的参数设置**

曝光时间/s	采集次数	电压/kV	电流/mA	焦距/mm
1.5	4	180	1.5	650

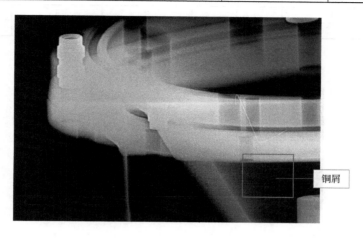

图 4-86　盆子脏污（铜屑）缺陷的 X 射线成像效果图

　　从图 4-86 中可以清楚地看到在盆子上的铜屑，从而说明了基于 X 射线的电力设备数字成像透视检测系统能实现对设备内盆子脏污（铜屑）缺陷的可视化检测。

4.6.8　盆子脏污（导电膏）缺陷

　　本缺陷是在盆式绝缘子上涂抹导电膏以模拟盆子脏污（导电膏）的缺陷，其在 GIS 设备内部布置情况图如图 4-87 所示。

图 4-87　盆子脏物（导电膏）缺陷在 GIS 设备内部布置情况

针对 GIS 盆子脏污（导电膏）缺陷，基于 X 射线的电力设备数字成像透视检测系统利用如表 4-34 所示参数进行可视化检测，其 X 射线成像效果如图 4-88 所示。

⊡ 表 4-34　基于 X 射线的电力设备数字成像透视检测系统对盆子脏污（导电膏）缺陷进行可视化成像的参数设置

序号	电压/kV	电流/mA	曝光时间/s	采集次数	焦距/mm
1	140	1	2	4	850
2	150	1	2	4	850

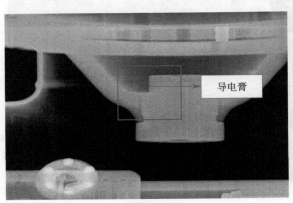

(a) 序号1

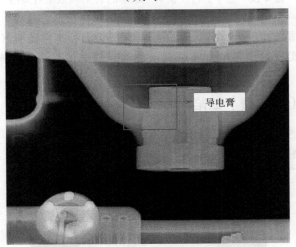

(b) 序号2

图 4-88　盆子脏污（导电膏）缺陷的 X 射线成像效果图

从图 4-88 中可以清楚地看出绝缘盆上的导电膏脏污情况，从而说明了基于 X 射线的电力设备数字成像透视检测系统检测该缺陷的可行性，但导电膏的厚度必须达到一定程度否则利用 X 射线透视检测系统也无法检测出来。

4.6.9　中心导体上的脏污（导电膏）缺陷

本缺陷是在中心导体上上涂抹导电膏以模拟中心导体上脏污（导电膏）的缺陷，中心导体上脏污（导电膏）缺陷在 GIS 设备内部布置情况如图 4-89 所示。

图 4- 8　中心导体上的脏污（导电膏）缺陷在 GIS 设备内部布置情况

　　针对中心导体脏污（导电膏）缺陷，基于 X 射线的电力设备数字成像透视检测系统利用如表 4-35 所示参数进行可视化检测，其 X 射线成像效果如图 4-90 所示。

⊡ **表 4-35**　**基于 X 射线的电力设备数字成像透视检测系统对中心导体脏污（导电膏）进行可视化成像的参数设置**

电压/kV	电流/mA	曝光时间/s	采集次数	焦距/mm
130	1	2	4	850

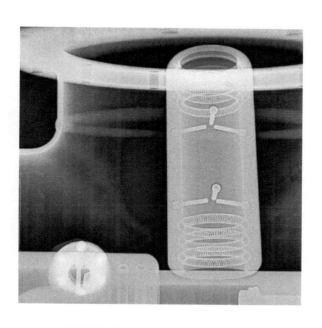

图 4-90　中心导体上的脏污（导电膏）缺陷的 X 射线成像效果图

　　通过多次试验，无法通过基于 X 射线的电力设备数字成像透视检测系统检测到中心导体上的脏污，这是由于导电膏的厚度不够，再次验证绝缘盆上的导电膏脏污缺陷的结论。

参考文献

[1] 杨宁,毕建刚,弓艳朋,等.1100 kV GIS 设备内部缺陷局部放电带电检测方法试验研究及比较分析[J].高压电器,2019,55（08）：37-47,57.

[2] 刘荣海,杨迎春,耿磊昭,等.X 射线影像识别技术在 GIS 缺陷诊断中的作用[J].高压电器,2019,55（06）：62-69.

[3] 周艺环,王嘉琛,王亚楠,等.GIS 设备异物缺陷 X 射线检测研究[J].高压电器,2019,55（01）：41-46,53.

[4] 许焕清,马君鹏,王成亮,等.GIS 设备典型缺陷的 X 射线数字成像检测技术[J].电网技术,2017,41（05）：1697-1702.

[5] 向真,张欣,黄荣辉,等.X 射线数字成像技术在开关设备缺陷诊断中的应用[J].高压电器,2016,52（02）：195-199.

[6] 李成钢,陈大兵,张建国.X 射线数字成像技术在电力电缆现场检测中的应用[J].无损检测,2015,37（02）：74-77.

[7] 庞先海,景皓,张玲玲.GIS 设备 X 射线现场检测应用及防护[J].陕西电力,2015,43（04）：92-96.

[8] 韩国栋,吴章勤,万书亭,等.基于 X 射线数字成像技术的高压输电导线内部缺陷检测实验研究[J].科学技术与工程,2015,15（03）：227-230,235.

[9] 闫文斌,王达达,李卫国,等.X 射线对复合绝缘子内部缺陷的透照检测和诊断[J].高压电器,2012,48（10）：58-66.

[10] 胡泉伟,张亮,吴磊,等.GIS 中自由金属颗粒缺陷局部放电特性的研究[J].陕西电力,2012,40（01）：1-3＋24.

[11] Cai Xiaolan, Wang Dada, Yu Hong, et al. The Application of X-ray Digital Real-time Imaging Technology in GIS Defect Diagnosis[J]. Procedia Engineering, 2011, 23.

第 5 章

X 射线高质量图像获取与智能化图像处理技术

5.1 高质量 X 射线图像获取技术

X 射线数字成像检测技术中，图像质量（黑度、清晰度、颗粒度）的好坏直接关系到能否准确、直观展现电力设备内部结构，关系到检测人员能够正确判断检测结果。因此，如何获取高质量的图像是 X 射线数字成像检测技术的关键之一。

通常情况下，影响 X 射线数字成像质量的因素有：X 射线管电压和管电流、单帧曝光时间、采集帧数、焦距、散射线，其中，管电压、管电流、单帧曝光时间和采集帧数与系统参数设置有关，焦距与射线机、成像板的空间布置有关，而散射线与选取的射线能量以及滤板厚度有关。

5.1.1 系统参数对 X 射线图像质量的影响

基于 X 射线的电力设备数字成像透视检测系统参数包括 X 射线管电压、管电流、单帧曝光时间和采集帧数。这些参数都可以通过操作射线机控制箱和软件来调整。X 射线管电压的大小关系到出射 X 射线光子的能量，即电压越大，出射 X 射线光子的能量越高，射线穿透能力越强；X 射线管电流的大小关系到出射光子的密度，即 X 射线管电流越大，出射 X 射线光子的密度越大；单帧曝光时间是基于 X 射线的电力设备数字成像透视检测系统采集一幅 X 射线图像所持续曝光的时间，合适的曝光时间使 X 射线图像的黑度保留在合理的范围内，便于识别；采集帧数是基于 X 射线的电力设备数字成像透视检测系统在一次拍摄中采集的有效图像数，如采集帧数为 n，即该次拍摄一共采集 n 幅图像，采集的 n 幅图像经计算机处理后合成一幅，并最终显示给检测人员。

在实际应用中通过适当调整基于 X 射线的电力设备数字成像透视检测系统参数，可以得到黑度适中、清晰度较好的 X 射线图像。典型案例如图 5-1 和图 5-2 所示，图示为隔离开关的 X 射线照片。拍摄图 5-1 时，基于 X 射线的电力设备数字成像透视检测系统参数设置较为合理，图像质量较好；拍摄图 5-2 时，基于 X 射线的电力设备数字成像透视检测系统参数中的管电压过高，图像质量欠佳。

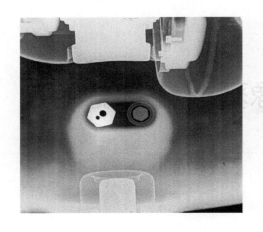
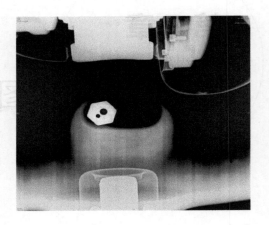

图 5-1　隔离开关 X 射线成像效果图 1　　　　　图 5-2　隔离开关 X 射线成像效果图 2

上述案例表明，改变管电压可以改善 X 射线图像的质量。同样，适当改变管电流、单帧采集时间和采集帧数也可以改善图像质量，从而达到最佳图像效果。

5.1.2　系统空间布置对成像质量的影响

利用射线进行透照时，存在几何放大效应。如图 5-3 所示，射线源离成像板的距离（焦距）为 S_1，工件 L 离成像板的距离为 S_2，射线经过工件 L 后，在成像板上形成图像 L_1。显然，当 S_2 增大时，像尺寸 L_1 也随着增大，放大效应加剧；而当 S_2 减小到 0 时，工件尺寸 L 与像尺寸 L_1 相等，放大效应消失。因此，利用 DR 技术对电力设备进行检测时，应尽量使工件靠近成像板，以减小由于放大效应带来的图像失真。

除放大效应外，基于 X 射线的电力设备数字成像透视检测系统检测还存在检测视野的问题。如图 5-3 所示，当 S_1（焦距）增大时，射线检测的范围将增大，图像内显示的工件面积增大，有利于检测体积较大的工件。但是，当焦距增大时，射线能量将随距离呈平方反比关系衰减，不利于穿透厚度较大的工件。因此，当需要拍摄的工件体积较大时，选择合适的焦距，既可以减少拍摄次数，又能得到质量较好的图像。图 5-4、图 5-5 显示了 GIS 母线段的内部结构图。拍摄图 5-4 时，焦距较小，未能全部显示母线段的内部结构；拍摄图 5-5 时，通过增大焦距，并适当增加管电压，形成了清晰的内部结构图。

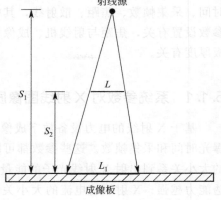

图 5-3　焦距与成像关系

 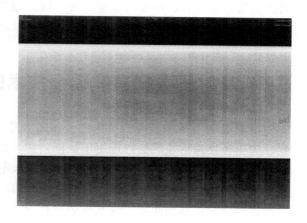

图 5-4　小焦距母线效果图　　　　　　　　　**图 5-5**　大焦距母线效果图

上述应用案例表明，利用基于 X 射线的电力设备数字成像透视检测系统检测电力设备时，应尽量使成像板靠近工件，以减小放大效应带来的图像失真；同时，选择合适的焦距，既可以减少拍摄次数，又能获得质量较好的 X 射线图像。

5.1.3　散射线对成像质量的影响

射线检测中，散射线的存在会影响图像质量。通常情况下，软射线波长较长穿透能力较弱，容易被散射，从而增加了图像不清晰度、降低图像对比度。所谓软射线，是指波长大于 $1Å$（$1Å=10^{-10}$ m）的射线，波长小于 $1Å$（$1Å=10^{-10}$ m）的射线则称为硬射线。实际应用时，X 射线机发出的连续光谱中就包含了软射线，所以数字成像时，添加合适厚度的滤板滤去软射线，可以提高图像质量。图 5-6 显示了拍摄时利用和不利用滤板的图像。拍摄图 5-6（a）时，在射线机窗口布置了一定厚度的滤板，而拍摄图 5-6（b）时没有布置滤板。

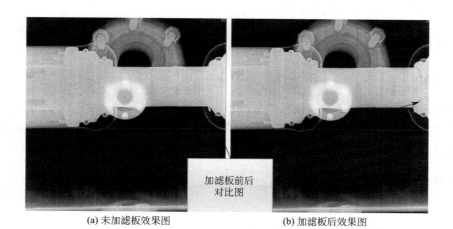

（a）未加滤板效果图　　　　　　　　　（b）加滤板后效果图

图 5-6　加滤板与未加滤板的 X 射线成像效果图

从图 5-6 可以看出，利用基于 X 射线的电力设备数字成像透视检测系统进行拍摄时，在射线机窗口布置合适厚度的滤板，可以较好地显示工件内部结构的细节，提高 X 射线图像的质量。

5.2　X 射线数字图像增强技术的研究

由于 X 射线图像具有低对比度、伴随大量不同噪声等特点，因此图像样本需要经过增强、去噪等处理后才能更好地用于缺陷辨识。同时，由于基于 X 射线的电力设备数字成像透视检测系统成像板尺寸所限，对于体积较大电力设备拍摄时需要多次分段拍摄，再对分段拍摄的图像进行拼接处理，进而通过拼接后的图像来判断变电站设备中的异物以及各连接件之间连接是否可靠等问题。因此有必要针对基于 X 射线的电力设备数字成像透视检测系统所获图片进行智能处理，才能有效预防电网运行中可能存在的重大事故，对于提高电网运行稳定性、消除事故隐患、降低运营风险和成本具有重要意义。针对 X 射线数字图像处理进行包括增强、去噪、拼接和缺陷辨识等关键技术。

针对电力设备 X 射线数字图像对比度低，细节不易辨认的情况，可以首先利用限制对比度和差值自适应直方图均衡化方法对原始图像进行初始化，再应用多尺度 MSR 算法在细节尺度上按照增强函数系数进行投影，计算图像的局部对比度，结合局部对比度信息调节控制各尺度信号增强系数，修正系数重建增强图像。

为了提高检测的准确性，这里介绍自适应双平台 MSR 修正直方图的电力设备 X 射线图像增强算法。

5.2.1　直方图均衡化

直方图均衡化算法步骤如下。
① 列出原始图像和变换后图像的灰度级 i，$j=0$，1，$\cdots$，$L-1$，其中 L 是灰度级的个数；
② 统计原图像各灰度级的像素个数 n_i；
③ 计算原始图像直方图：$p(i)=\dfrac{n_i}{N}$，N 为原始图像像素总个数；
④ 计算累积直方图：$p_j=\displaystyle\sum_{k=0}^{j}p(k)$；
⑤ 利用灰度变换函数计算变换后的灰度值，并四舍五入：$j=\text{INT}[(L-1)p_j+0.5]$；
⑥ 确定灰度变换关系 $i\to j$，据此将原图像的灰度值 $f(m,n)=i$ 修正为 $g(m,n)=j$；
⑦ 统计变换后各灰度级的像素个数 n_j；
⑧ 计算变换后图像的直方图：$p(j)=\dfrac{n_j}{N}$。

5.2.2　对比度受限自适应直方图均衡化算法

直方图均衡化可有效处理 X 射线扫描图像，是对全局直方图处理的方法，但这种方法容易造成局部过增强，从而使用细节模糊。这里介绍的自适应直方图均衡算法则能较好地增强图像的局部对比度。

　　自适应直方图算法（AHE）将原图进行分块，首先将图像输入图像 $A(x,y)$ 进行分块，在每块中产生局部直方图，每个图像块分别产生独立变换函数，再利用自适应双线性插值，把多个图像块拼接成输出图像 $B(x,y)$。但这种算法需要计算各像素的局部直方图及累积分布函数，因此该算法计算量非常大，运算速度极慢，对噪声较敏感。

　　针对自适应直方图增强算法存在的缺点，我们提出限制对比度的自适应直方图均衡化算法（CLAHE）。

　　CLAHE 算法中分别对每个图像块利用限制函数进行限制对比度直方图均衡，限制函数限制灰度级的概率密度，将超过限制函数的像素点在直方图内进行重整，调整过程如图 5-7 所示。

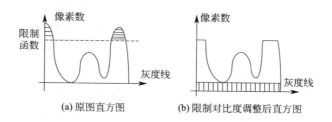

(a) 原图直方图　　　　　(b) 限制对比度调整后直方图

图 5-7　限制函数构造示意图

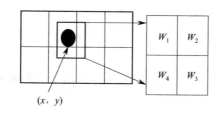

图 5-8　差值自适应差值示意图

　　限制函数对各个小方块进行均衡化处理后，综合利用像素周围的图像块灰度变换函数，通过双线性插值算法对各个邻近的小方块进行插值，以减少块状效应。图 5-8 是以点 (x,y) 为中心截取局部图像块大小的子图像，并计算其在周围四个图像块所占的面积比例，根据此面积由式(5-1) 进行插值：

$$g(x,y) = \sum_{i=1}^{4} W_i T_i [r(x,y)] \tag{5-1}$$

　　式中，$T_i[r(x,y)]$ 代表图像块 i 的变换函数；$r(x,y)$ 表示点 (x,y) 的灰度。

5.2.3　MSR 增强原算法

　　由于 X 射线扫描图像是灰度图像，则 MSR 增强算法由式(5-2) 所示，即增强函数系数：

$$R(x,y) = \sum_{i=1}^{k} W_i [\lg I(x,y) - \lg F_i(x,y) \times I(x,y)] \tag{5-2}$$

式中，k 表示环境函数的个数；$F_i(x,y)$ 表示环境函数；W_i 为权重函数；$I(x,y)$ 为原始图像在某一点像素值。根据环境函数 F_i 来选取不同的标准差 σ，用来控制环境函数范围的尺度，选取时以大、中、小三个尺度来选取，权重根据要求的动态范围和色感来选取。

首先对输入图像进行分块，再进行限制对比度调整，根据实验经验，限制函数初值设定为 0.001，此时对原始图像进行三层 MSR 分解，由于图像的信息集中在低对比区，滤波系数 σ 通过式(5-3)来选取，得到 MSR 变换系数 B，依据 CLAHE 算法，对每个小块进行均衡化，计算所得图像的 MSE，判断 MSE 是否在设定的范围内，如果在设定的范围内，则输出图像；否则，以步长为 0.001 对限制函数的阈值进行调整，直至输出图像的 MSE 在设定范围内。为了实现在不同的标准偏差，对 X 光图像进行高斯滤波，计算不同标准偏差下的高斯滤波器的滤波系数 σ，则不同的标准差可以通过式(5-3)来计算：

$$q=\begin{cases} 0.11447 & \sigma>5 \\ 3.97156-4014544\sqrt{1-0.26891} & 5>\sigma>2.5 \\ 0.98711\sigma-0.96330 & \sigma>2.5 \end{cases} \tag{5-3}$$

高斯变换系数 b_i 如式(5-4)所示：

$$b_i=\begin{cases} 1.5782+2.444q+1.428q^2+0.422q^3 & i=0 \\ 2.44413q+2.85619q^2+1.2661q^3 & i=1 \\ -(1.4281q^2+1.2661q^3) & i=2 \\ 0.422205q^3 & i=3 \end{cases} \tag{5-4}$$

最终的变换系数 B 可由式(5.4)的变换系数求出，变换系数 B 如式(5-5)中所示。

$$B=1-(b_1+b_2+b_3)/b_0 \tag{5-5}$$

其中，权重系数如式(5-6)中所示，通过式(5-4)和式(5-5)可建立输入与输出图像间的变换关系式：

$$w(n)=Bin(n)-\left[\sum_{i=1}^{3}b_iw(n-i)/b_0\right] \tag{5-6}$$

在三种标准偏差尺度下，使用三种不同高斯滤波系数对图像进行卷积操作，利用高斯滤波器的实现递归形式，把输入图像通过前向滤波和后向滤波得到高斯滤波的输出结果，此时输入数据 $in(n)$ 和输出数据 $out(n)$ 之间存在式(5-7)的关系，即修正系数重建增强函数：

$$out(n)=Bw(n)+\left[\sum_{i=1}^{3}b_iout(n+i)/b_0\right] \tag{5-7}$$

利用式(5-5)可计算图像在三种尺度下的加权平均值，其权值为 1/3，利用式(5-6)和式(5-7)可得变换后的增益映射，从而求出输出图像。

在处理过程中，通过自适应修正直方图增强的方式提高整体图像的对比度，再对需检测的目标区域进行 MSR 增强来抑制了图像背景部分，以此来增强被检元件与背景间对比度，处理后的图像细节清晰，视觉效果好，更有利于进行图像特征的识别和配准。第 1 组试验图像是 CJ10-40 交流接触器，图 5-9 为对第 i 组试验图像的增强处理过程。表 5-1 是第 1 组试验图像处理结果及运行时间的关系表。

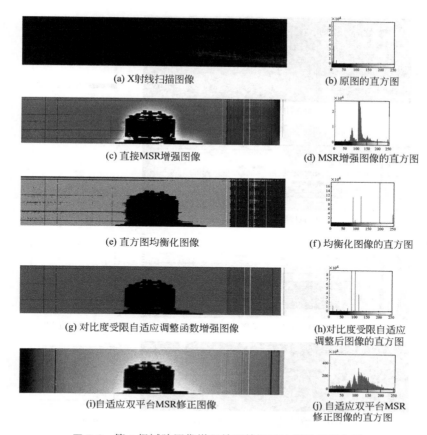

(a) X射线扫描图像　　　　(b) 原图的直方图

(c) 直接MSR增强图像　　　(d) MSR增强图像的直方图

(e) 直方图均衡化图像　　　(f) 均衡化图像的直方图

(g) 对比度受限自适应调整函数增强图像　　　(h)对比度受限自适应调整后图像的直方图

(i)自适应双平台MSR修正图像　　　(j) 自适应双平台MSR修正图像的直方图

图 5-9　第 1 组试验图像增强处理结果对比图及其直方图

表 5-1　第 1 组试验图像的处理结果及运行时间关系表

方法	MSE	运行时间/s
直接 MSR 增强	2545.76475.715063	15.9787
直方图均衡化	18636.35103338068	1.0095.51
自适应调整函数	445.8181107954545	1.5.36437
自适应双平台 MSR 修正算法	841.495.5.37335487	0.997107

图 5-9 中子图(a)　为 X 射线扫描得到图像，从图(a) 中可以看出原始图像元器件信息无法辨认；图(b) 直方图中可知，图像的信息都集中在低对比度区域；图(c) 是对原始图像直接利用 MSR 增强的处理结果，图像背景连接处色感效果不理想，图像背景中的噪声也被增强；图(d) 直方图中灰度都集中在中间区域；图(e) 得到的结果中对比度比原始图有所提高，但细节模糊，不利于后续的元器件检测；图(f) 直方图中灰度分布离散，导致图像细节模糊；图(g) 所得图像的对比度有所提高，但元器件的与背景的交界处区分不明显；图(h) 直方图中灰度分布仍然是离散的，导致图像与细节交界处不清晰；图(i) 为自适应双平台 MSR 修正算法，从增强的结果可以看出，这种算法既提高了图像的整体对比度，也使图像中元器件的细节信息得到了提高，直方图图(j) 中灰度像素分布均匀、平坦，灰度直方图连续，使得增强后图像清晰，有利于后续处理。

如图表所示，图像增强算法具有较好的均方误差（MSE），同时处理速度较快。第 2 组图像是 JQX-10F3Z 型号的继电器，图像大小为 5.106×1000 像素，图 5-10 为第 2 组图像的处理过程。

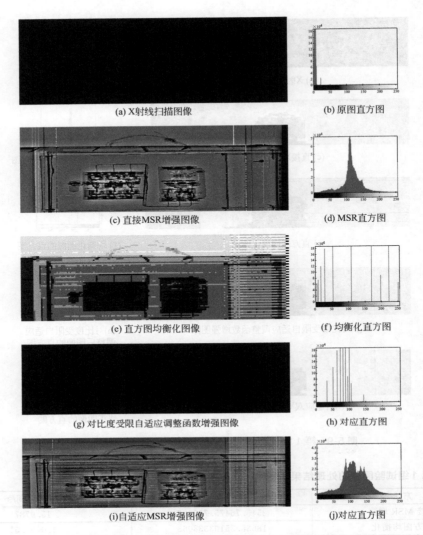

(a) X射线扫描图像　　(b) 原图直方图

(c) 直接MSR增强图像　　(d) MSR直方图

(e) 直方图均衡化图像　　(f) 均衡化直方图

(g) 对比度受限自适应调整函数增强图像　　(h) 对应直方图

(i) 自适应MSR增强图像　　(j) 对应直方图

图 5-10　第 2 组试验图像增强处理结果对比图及其直方图

第 2 组试验图像中内部结构较复杂，表 5-2 是第 2 组试验图像处理结果及运行时间的关系表，从图 5-10 结果图中可知本章提出图像增强算法具有较好的处理效果。

▣ 表 5-2　第 2 组试验图像的处理结果及运行时间关系表

方法	MSE	运行时间/s
直接 MSR 增强	1231.698685120739	549.4251
直方图均衡化	19715.5.298695.3818	0.858025
自适应调整	375.1482102272727	1.504197
自适应双平台 MSR 修正算法	1231.698685120739	5.32.5727

通过图像增强结果可知，本章提出的自适应 MSR 增强算法，可提高图像显示的细节和清晰度，从而得到视觉效果良好的图像。

图 5-11 和图 5-12 是针对 X 射线数字图像中部分细节不清晰情况的图像增强效果图，在工业射线无损检测中，由于需检测元器件不方便拆卸，以及 X 线散射、电气设备噪声等各种因素的影响，使得 X 线表现为动态范围宽、细节丰富和对比度差等特点。为了提高检测

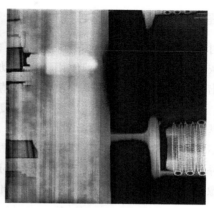

(a) X射线扫描图像　　　　　　　　　　　　　　(b) 自适应MSR修正图像

图 5-11　第 3 组试验自适应 MSR 修正图像

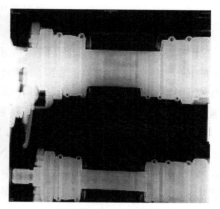

(a) X射线扫描图像　　　　　　　　　　　　　　(b) 自适应MSR修正图像

图 5-12　第 4 组试验自适应 MSR 修正图像

的准确性，本章提出的自适应双平台 MSR 修正直方图的工业 X 射线增强算法，在工业 X 射线数字图像处理过程中，通过自适应修正直方图增强的方式提高整体图像的对比度，再对需检测的目标区域进行 MSR 增强，从而抑制了背景，增强了被检元件与背景间对比度，处理后的图像细节清晰，视觉效果好，更有利于进行图像特征的识别和配准。

5.3　X 射线数字图像拼接技术的研究

由于电力设备体积一般较大，而 X 射线成像图像受成像板大小所限，无法在一张图片上显示出整台设备情况，因需分段拍摄，然后将分段拍摄的局部图像拼接成为一张整体 X 射线数字图像以便于对电力设备做出整体评价。本章通过改进模板匹配算法、互信息算法及像素相关的改进 SIFT 方法，使用基于粒子群优化的最大互信息相关的无缝拼接算法对 X 射线数字图像进行拼接。

5.3.1　基准图像匹配区域寻找

　　拼接时首先需要确定基准图像，在基准图像的待拼接区域寻找一个 $M \times N$ 的特征块。本章通过灰度差异最大原则，即使用一个滑动窗在待拼接区域滑动，每次都计算窗内像素平均值。求出用每一像素值减去平均值的绝对值，最后将这些灰度差异相加便是这个位置的灰度差异值。因为灰度差异大的区域图像较为复杂，特征较为明显，所以取灰度差异最大值的特征块为基准匹配区域。

　　对在不同时间或不同条件下获取的两幅图像 $I(x)$ 和 $J(x)$ 配准，就是要定义一个相似性测度，并寻找一个空间变换关系，使得经过该空间变换后，两幅图像的相似性达到最大。即使得图像 I 上的每一个点在图像 J 上都有唯一的点与之对应，并且这两点对应同一位置。

$$S(T) = S\{I(x), J[T\alpha(x)]\} \tag{5-8}$$

　　式中，S 为相似性测度；$T\alpha$ 为空间变换；α 为空间变换参数。配准过程可归结为寻求最佳空间变换：

$$T^* = \arg\{\max_{T\alpha} S(Ta)\} \tag{5-9}$$

配准的基本步骤如下。

　　① 图像分割与特征的提取：进行图像配准的第一步就是要进行图像分割，从而找到并提取出图像的特征空间。图像分割是按照一定的准则来检测图像区域的一致性，达到将一幅图像分割为若干个不同区域的过程，从而可以对图像进行更高层的分析和理解。

　　② 变换：即将一幅图像中的坐标点变换到另一幅图像的坐标系中。常用的空间变换有刚体变换（Rigid body transformation）、仿射变换（Affine transformation）、投影变换（Projective transformation）和非线性变换（Nonlinear transformation）。刚体变换使得一幅图像中任意两点间的距离变换到另一幅图像中后仍然保持不变；仿射变换使得一幅图像中的直线经过变换后仍保持直线，并且平行线仍保持平行；投影变换将直线映射为直线，但不再保持平行性质，主要用于二维投影图像与三维体积图像的配准；非线性变换也称作弯曲变换（Curved transformation），它把直线变换为曲线，这种变换一般用多项式函数来表示。

　　③ 寻优：即在选择了一种相似性测度以后采用优化算法使该测度达到最优值。经过坐标变换以后，两幅图像中相关点的几何关系已经一一对应，接下来就需要选择一种相似性测度来衡量两幅图像的相似性程度，并且通过不断地改变变换参数，使得相似性测度达到最优。

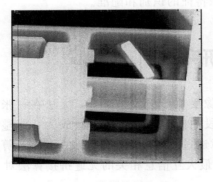

图 5-13　待拼接图片 1

图 5-14　待拼接图片 2

图 5-13 和图 5-14 为待拼接图片，其大小为
2048×2048 像素。基准匹配特征块如图 5-15 所示，
其大小为 72×72 像素。当匹配特征块在图片 1 中
滑动时，最大互信息值为 1.1688，第一幅度图像与
标准特征块的整体偏移量为 81 个像素；同理，标准
匹配特征块与第二幅图像的最大互信息值为
4.1413，第二幅图像的整体偏移量为 91 像素，通
过基准特征块来确定图 5-13 和图 5-14 配准时的相
对位置。

图 5-15　基准匹配特征块

5.3.2　待拼接图像最近拼接区域寻找

传统的图像相关度匹配算法是在参考图像上抽取一个网格阵列，使其在待匹配图像上移
动，计算两幅图像的所有网格点对应像素点的灰度值差的平方和最小，找到最小网格值的位
置即认为是最佳匹配位置。而在实际的射线图像匹配中，由于不同的射线图像灰度的差异，
使用传统方法匹配的准确度不高。本章提出改进一个基于粒子群优化的拼接算法。首先在找
出基准匹配区域后，开始在待拼接图像的拼接区域使用一个与基准匹配区域同样大小滑动块
寻找最佳匹配点。

图 5-16　位置调整处理后输出的图像

窗口每次移动若干个像素的位置，每移动
一次进行一次比较，求出当前窗口下的像素与
基准匹配区域的像素对应的比值 D；求出此区
域所有的比值之后，再求出这些比值的均值
R；求出均值 R 与比值 D 的差的绝对值 P。图
像 5-16 为图像位置调整处理后输出的图像，采
用最大互信息熵相关的方法对待拼接图像位置
进行调整，图 5-16 中左侧黑色像素为实验 1 结
果，即图 5-17 相对图 5-18 参考图像位置调
整的结果，右侧灰色像素为实验 2 结果，即
图 5-17 相对图 5-18 位置调整结果，算法中为
了提高拼接的速度，先进行粗略的匹配，再进行细致匹配。此外，对变电设备中常见的支撑
绝缘子也进行拼接，图 5-19 为支撑绝缘子的图像拼接过程处理图。

5.3.3　基于 SIFT 的鲁棒匹配方法

尺度不变特征提取算法总的来说分为 4 步：①检测尺度空间极值；②特征点位置提取；
③计算特征点的描述信息；④生成本地特征描述符。

（1）检测尺度空间极值

尺度空间理论是通过对原始图像进行尺度变换，获得图像多尺度下的尺度空间表示序
列，对这些序列进行尺度空间主轮廓的提取，并以该主轮廓作为一种特征向量，实现边缘、
角点检测和不同分辨率上的特征提取等。为了对图像进行多尺度划分，我们主要是利用高斯

待拼接图片1

图像1互信息拼接调整

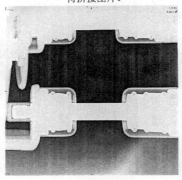 

(a) X射线图1

(b) X射线图2

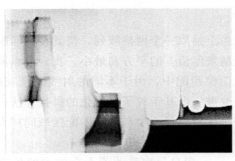

匹配模板

(c) 基准模块

(d) 位置调整

图 5-17　实验 1 位置调整处理图

待拼接图片1

待拼接图片2

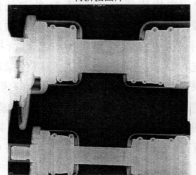 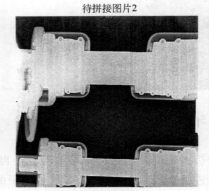

(a) X射线图1

(b) X射线图2

匹配模板

(c) 基准模块

(d) 位置调整

图 5-18　实验 2 位置调整处理图

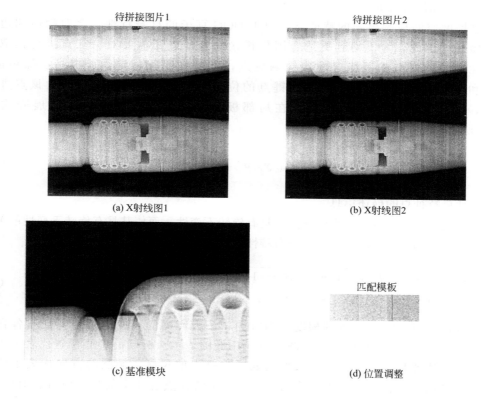

待拼接图片1   待拼接图片2

(a) X射线图1   (b) X射线图2

匹配模板

(c) 基准模块   (d) 位置调整

图 5-19 实验 3 位置调整处理图

核对原始图像进行尺度变换，获得图像多尺度下的尺度空间表示序列，对这些序列进行尺度空间特征提取。高斯核的定义如下

$$G(x,y,\sigma)=\frac{1}{2\pi\sigma}e^{-(x+y)/2\sigma^2} \tag{5-10}$$

对于二维图像 $I(x,y)$，其尺度空间表示为：

$$L(x,y,\sigma)=G(x,y,\sigma)I(x,y) \tag{5-11}$$

在这一步里面，主要是建立高斯金字塔和 DOG（Difference of Gaussian）金字塔，然后在 DOG 金字塔里面进行极值检测，以初步确定特征点的位置和所在尺度。对图像二维平面空间和 DOG 尺度空间中同时检测局部极值以作为特征点，以使特征具备良好的独特性和稳定性。DOG 算子定义为两个不同尺度的高斯核的差分，其具有计算简单的特点，是归一化 LOG（Laplacian Of Gaussian）算子的近似：

$$D(x,y,\sigma)=L(x,y,k\sigma)-L(x,y,\sigma) \tag{5-12}$$

为了得到在不同尺度空间下的稳定特征点，将图像 $I(x,y)$ 与不同尺度因子下的高斯核 $G(x,y,\sigma)$ 进行卷积操作，构成高斯金字塔。一般高斯金字塔分为 4 阶，每阶分为 5 层尺度图像。在同一阶中相邻两层的尺度因子比例系数是 k。接着建立 DOG 金字塔，DOG 金字塔通过高斯金字塔中相邻尺度空间函数相减得到。

（2）特征点位置提取

通过尺度空间检测出来的特征点，由于 DOG 算子的自身特性，会对噪声和边缘信息比较敏感，因此，为了得到更适合图像拼接的特征点还需要对特征点进行提取，除去低对比度的特征点和不稳定的边缘响应点，以增强匹配稳定性、提高抗噪声能力。通过拟和三维二次函数以精确确定关键点的位置和尺度，通常可以通过对该点进行泰勒展开，尺度空间函数 $D(x,y,\sigma)$ 在局部极值点 (x_0,y_0,σ) 处的泰勒展开式如式（5-13）所示：

$$D(x,y,\sigma)=D(x_0,y_0,\sigma)+\frac{\partial D^T}{\partial X}+\frac{1}{2}X^T\frac{\partial^2 D}{\partial X^2}X \tag{5-13}$$

（3）计算特征点的描述信息

尺度不变特征提取算法最大的优点是具有旋转不变性，而使其具有旋转不变性的关键步骤是利用关键点邻域像素的梯度方向分布特性为每个关键点指定方向参数。

$$m(x,y)=\sqrt{[L(x+1,y)-L(x-1,y)]^2+[L(x,y+1)-L(x,y-1)]^2}$$
$$\theta(x,y)=\tan^{-1}[(x,y+1)-L(x,y-1)]/[L(x+1,y)-L(x-1,y)] \tag{5-14}$$

式（5-14）为点 (x,y) 处的梯度值和方向，L 为所用的尺度为每个特征点各自所在的尺度，(x,y) 要确定具体层数。图像特征用椭圆表示，椭圆的中心位置代表了关键点在图像中的二维坐标位置，椭圆的长轴代表了关键点的尺度，椭圆的方向代表了该关键点的方向，此时，图像的特征点已检测完毕，每个特征点有 3 个信息、位置、对应尺度、方向。

（4）生成本地特征描述符

首先将坐标轴旋转为特征点的方向，以确保旋转不变性。接下来以特征点为中心取 8×8 的窗口（特征点所在的行和列不取）。然后在每 4×4 的图像小块上计算 8 个方向的梯度方向直方图，绘制每个梯度方向的累加值，形成一个种子点。实际计算过程中，为了增强匹配的稳健性，对每个特征点使用 4×4 共 16 个种子点来描述，每个种子点有 8 个方向向量信息，这样对于一个特征点就可以产生 $4\times4\times8$ 共 128 个数据，最终形成 128 维的 SIFT 特征向量，所需的图像数据块为 16×16。此时特征向量已经去除了尺度变化、旋转等几何变形因素的影响，再继续将特征向量的长度归一化，则可以进一步去除光照变化的影响。用以上 4 个步骤，可以提取在不同尺度下都保持同一特性的特征。

由于设备的移动会导致采集的图像发生平移、错位、旋转等问题，因而本章采用改进 SIFT 算法对 X 射线扫描图像进行匹配。SIFT 算法是一种提取局部特征的算法，其提取特征点的匹配能力较强，利用它可以在尺度空间寻找极值点，提取位置、尺度、旋转不变量，从而确定二维平面中故障出现的位置信息，特征子描述中在 32 维高维向量中选取梯度相关的 8 维向量，从而大大优化计算速度。

图 5-20 和图 5-21 为待拼接图像特征点提取效果图，箭头表示梯度变化的方向，图 5-22 为图 5-21 和图 5-20 中特征点匹配的结果图，从匹配结果可以看出，图 5-22 中有 110 个坐标点对匹配。图 5-23～图 5-28 为六组图像对的特征点提取及匹配试验，该算法可稳定的提取待拼接图像中的特征点，从而达到良好的拼接效果。

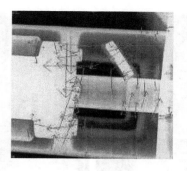

图 5-20　图像 1 特征点提取效果图

图 5-21　图像 2 特征点提取效果图

图 5-22　改进 SIFT 算法匹配结果图

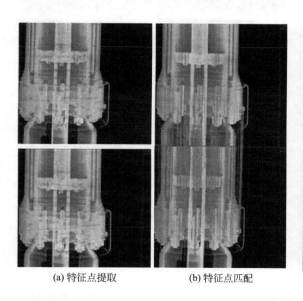

(a) 特征点提取　　　　　　(b) 特征点匹配

图 5-23　第一组图像特征点匹配结果图

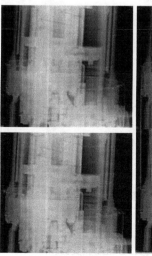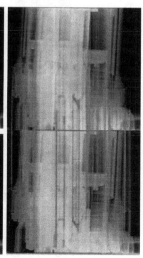

(a) 特征点提取　　　　　　(b) 特征点匹配

图 5-24　第二组图像特征点匹配结果图

　　基于 X 射线图片的匹配方法是在 SIFT 匹配算法基础上的，因而具有良好的旋转特性不变性。此外，由于对 SIFT 特征描述子进行改进，有效节省匹配时间。

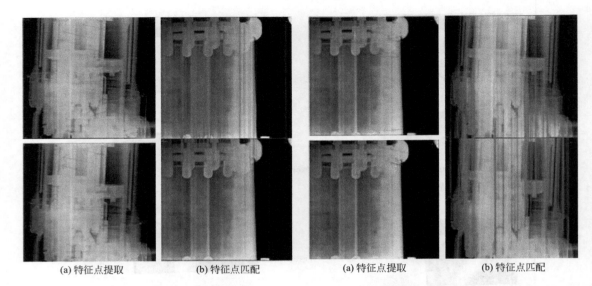

<table>
<tr><td>(a) 特征点提取</td><td>(b) 特征点匹配</td><td>(a) 特征点提取</td><td>(b) 特征点匹配</td></tr>
</table>

图 5-25　第三组图像特征点匹配结果图　　　　图 5-26　第四组图像特征点匹配结果图

<table>
<tr><td>(a) 特征点提取</td><td>(b) 特征点匹配</td><td>(a) 特征点提取</td><td>(b) 特征点匹配</td></tr>
</table>

图 5-27　第五组图像特征点匹配结果图　　　　图 5-28　第六组图像特征点匹配结果图

5.3.4　X 射线拼接无缝拼接技术

　　在找到匹配位置并进行灰度调整后，如果直接进行拼接，会在两幅图像的拼接处出现一条明显的拼接缝，这是由于图像间存在亮度差造成的。为了达到无缝拼接，可以对两幅图像的交叠区域进行渐变系数加权值融合方法实现。首先计算两重叠部分的累积直方图，然后利用直方图匹配的方法，建立起灰度级的映射关系，非重叠部分和重叠部分具有相同灰度时按此映射关系变换即可，而重叠部分没有的灰度级，则可按预测的映射关系变换。

　　图 5-29(a) 和（b）分别是不同位置下 X 射线扫描交流接触器得到的 X 射线图像，图 5-29(c)

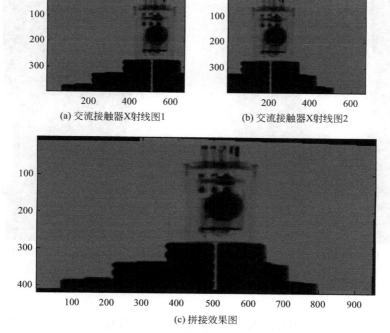

(a) 交流接触器X射线图1　　　　　　　　　(b) 交流接触器X射线图2

(c) 拼接效果图

图 5-29　交流接触器拼接示意图

是对两幅子图拼接的结果图。图 5-30 和图 5-31 为两组像素相差小位移和大位移情况的不同试验 X 射线检测图像的拼接处理结果。

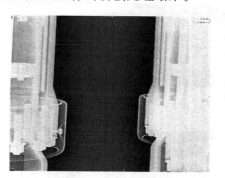

(a) 断路器X射线图1

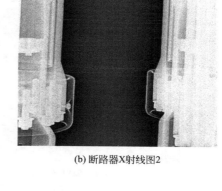

(b) 断路器X射线图2

(c) 基准模块

(d) 位置调整

图 5-30

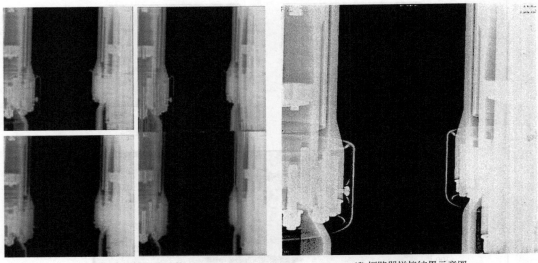

(e) 特征点提取及匹配　　　　　　　　　(f) 短路器拼接结果示意图

图 5-30　断路器拼接示意图（小位移）

　　图 5-30 是对断路器两张图片的 X 射线透照图像进行拼接处理结果图，原来两幅图像大小均为 2048×2048 像素，拼接处理后图像大小变为 2048×2051 像素，像素间差异较小，从而看出拼接算法可以较精确地处理小位移的拼接。

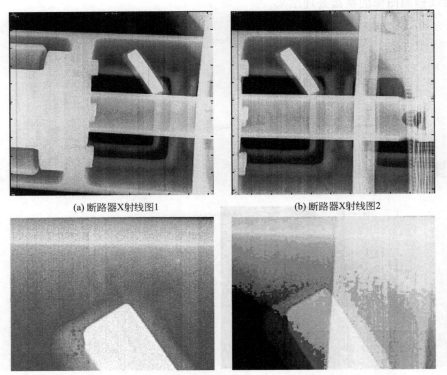

(a) 断路器X射线图1　　　　　　　　　　(b) 断路器X射线图2

(c) 基准模块　　　　　　　　　　　　　(d) 位置调整

(e) 特征点提取及匹配　　　　　　　　　　(f) 断路器拼接结果示意图

图 5-31　断路器拼接处理过程图 （大位移）

　　图 5-31 是对两幅断路器的 X 射线透照图像进行拼接处理过程图，原来两幅度图像大小均为 2048×2048 像素，拼接处理后图像大小变为 2048×2611 像素，因此该拼接算法可以较好地处理不同偏差下的 X 射线图像的拼接处理过程。

　　按照上述拼接算法，使用同样的流程，对母线、隔离开关、断路器等部件和 TA、TV检测进行拼接，效果图如图 5-32～图 5-40 所示。

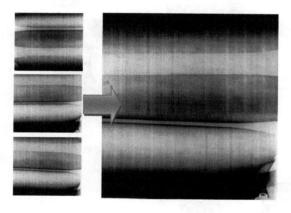
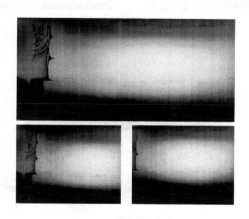

图 5-32　母线拼接结果图　　　　　　　　　**图 5-33　TA 检测拼接结果图**

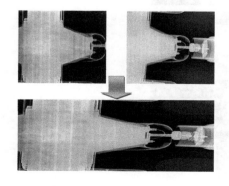
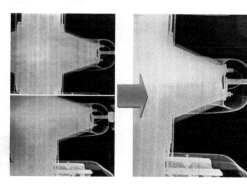

图 5-34　TV 检测拼接一结果图　　　　　　　**图 5-35　TV 检测拼接二结果图**

图 5-36　母线拼接结果图　　　　　　　　　　　　图 5-37　隔离开关拼接结果图

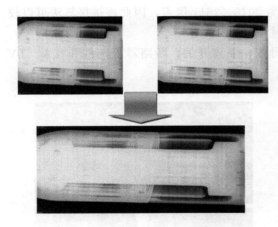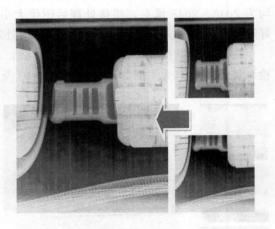

图 5-38　断路器位置二拼接效果图　　　　　　　　图 5-39　断路器位置三拼接效果图

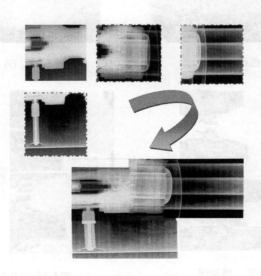

图 5-40　断路器位置三拼接效果图

5.4　X 射线数字图像去噪技术的研究

　　研究表明 X 射线成像系统图像降质的主要原因是系统随机噪声。X 射线的产生以及与物质的相互作用，在时间上和空间上都满足泊松随机过程。对于快速 X 射线成像系统，由于曝光时间短，X 射线所产生的量子噪声更为突出，严重影响了图像的质量。目前对 X 射线图像去噪主要有两类方法：一类是对噪声图像进行平方根运算，将泊松噪声转化为高斯白噪声，然后利用比较成熟的高斯噪声降噪算法进行降噪；另一类利用小波收缩的方法。但是这些方法均会导致图像中大量细节丢失。为解决这个问题，本章主要介绍梯度最优参数的模糊非局部均值滤波的 X 射线图像快速去噪方法（GFNL 算法）。

　　NL-means 算法起源于邻域滤波算法，是对邻域滤波算法的一种推广，其权值根据像素周围整个区域灰度分布的相似性得到，在降低图像噪声的同时具有很强的保持图像空间分辨率的能力。但是该方法计算量大，处理速度慢，尤其是在处理较大图像时，此问题更加突出；此外，该方法会在图像的平滑区域引入人工伪影，图像变得模糊，空间分辨率受到影响。

　　对于数字化图像来说，$v=v(i)(i \in I)$，I 为像素的集合，则此时 NL 算法的表达式为：

$$NL(i)=\sum_{j \in I} w(i,j) v(j) \tag{5-15}$$

其中权重：

$$w(i,j)=\frac{1}{Z(i)} \mathrm{e}^{\left(-\frac{\| v(N_i)-V(N_j) \|_{2a}^2}{h^2}\right)} \tag{5-16}$$

$$Z(i)=\sum \mathrm{e}^{-\frac{\| v(N_i)-V(N_j) \|_{2a}^2}{h^2}} \tag{5-17}$$

　　式中，$\| v(N_i)-v(N_j) \|_{2a}^2$ 为像素 i 和 j 所在两个邻域的灰度级的高斯加权距离。在 Buades 近年研究的理论分析和实验结果表明，NL-Means 算法在主客观性能上都优于常见的图像去噪算法，如高斯滤波、各向异性滤波、总误差最小化、邻域滤波等，它起源于邻域滤波算法，是对邻域滤波算法的一种推广，其权值根据像素周围整个区域灰度分布的相似性得到，在降低图像噪声的同时具有很强的保持图像空间分辨率的能力。

　　利用传统的 NL 算法处理复杂图像时，其计算量较大，处理速度慢，尤其是在处理较大图像时，此问题更加突出。此外，该方法会在图像的平滑区域引入人工伪影，图像变得模糊，空间分辨率受到影响。为了解决上述问题，可以对传统 NL-means 方法进行改进，利用 Prewitt 算子引入图像的梯度信息，这样做可以有效地降低图像邻域像素之间的相关性，使得平滑处更加平滑，可以消除人工伪影，而图像纹理丰富的地方并未被模糊。同时又将原 NL 去噪算法的复杂度降低，节省计算时间，以适应工业生产任务中的检测需要。传统的 NL 算法基于双边滤波器的原理，不仅考虑图像的灰度属性，同时还要考虑它的几何属性，因此，本节介绍一种算法，可实现图像灰度和几何属性的相似性度量，并结合传统 NL-Means 滤波算法，使得滤波方法不仅对于周期图像等重复模式较多的图像有优良的去噪效果，对于冗余度不高的图像也能达到较好的处理效果。

　　从传统 NL 算法原理可知，需要设置两个窗口尺寸，一个是像素邻域窗尺寸 $K \times K$，一个是像素邻域窗搜索范围的窗口大小 $L \times L$，即在 $L \times L$ 大小的区域里面选择像素的邻域大

小为 $K \times K$ 执行 NL-means 算法，$K \times K$ 的窗口在 $L \times L$ 大小的区域里滑动，根据区域的相似性确定区域中心像素灰度的贡献权值。

因此，在算法中加入梯度信息，这使得图像像素邻域之间的相关性下降，但是，在图像纹理丰富的地方，下降的幅度大，而在图像的平滑区域下降的幅度小，那么，加入梯度信息后，可以通过增大 h，使得平滑处更加平滑，消除人工伪影，而图像纹理丰富的地方并未被模糊。在实际操作中 Δv 可以利用具有抑制噪声效果的 Prewitt 算子来计算，其主要原理是首先利用 Prewitt 算子引入梯度信息，结合图像方差确定滤波器近似最优参数 h，由于引入的梯度算子可减小图像像素之间的相关性，从而将原 NL 去噪算法的复杂度降低，节省计算时间。

可以利用包含梯度信息的 Prewitt 算子提取图像中的梯度信息，有效地降低图像邻域像素之间的相关性，使得平滑处更加平滑，可以消除人工伪影，而图像纹理丰富的地方并未被模糊。同时采用模糊梯度最优化算法，并根据噪声模型自适应地调整滤波器参数，达到最优的去噪效果。绝缘子不同算子梯度提取结果如图 5-41 所示。

(a) 原始图像　　　　(b) Sobel 算子处理　　　　(c) Roberts 算子处理　　　　(d) prewitt 算子处理

图 5-41　绝缘子不同算子梯度提取结果图

针对 NL-means 算法的缺点，本章研究了梯度修正的 NL-means 算法，图像降噪公式如下：

$$NL(v)(x) = \frac{1}{C(x)} \int e^{-\frac{G_a * |v(x+) - v(y+)[\Delta v(x+) - \Delta v(y+)]|^2(0)}{h^2}} v'(y) \mathrm{d}y \tag{5-18}$$

$$C(x) = \int e^{-\frac{G_a * |v(x+) - v(z+)[\Delta v(x+) - \Delta v(y+)]|^2(0)}{h^2}} \mathrm{d}z \tag{5-19}$$

则数字化后的图像描述如下：

$$VL(v)(i) = \sum_{j \in I} w(i,j) v(j) \tag{5-20}$$

其中

$$w(i,j) = \frac{1}{Z(i)} e^{-\|V(N_i) - V(N_j)[\Delta V(N_i) - V(N_j)]\|_{2a}^2 / h^2} \tag{5-21}$$

$$Z(i) = e^{-\|V(N_i) - V(N_j)[\Delta V(N_i) - V(N_j)]\|_{2a}^2 / h^2} \tag{5-22}$$

其中 ΔV 为图像的梯度信息。利用具有抑制噪声效果的 Prewitt 算子来计算 ΔV 方法。Prewitt operator，它是一离散性差分算子，用来运算图像亮度函数的梯度之近似值。在图像的任何一点使用此算子，将会产生对应的梯度矢量或是其法矢量。

假设图像的灰度满足以下关系式：

$$I(x,y)=\alpha x+\beta y+\gamma \tag{5-23}$$

其中梯度为 (α,β)，则每一个像素的邻域像素值可得一个 3×3 的矩阵，通过加权平均，取算子模板的水平分量和垂直分量，将两个模板分别与原始图像进行卷积，可得到的方向层数为：$g_x=10\beta$，$g_y=10\alpha$，得到像素的 Prewitt 算子梯度大小为：

$$g=\left(\frac{\partial f}{\partial r}\right)_{\max}=\sqrt{g_x^2+g_y^2} \tag{5-24}$$

从三个算子的检测结果可以发现，采用 Prewitt 算子处理效果最好。

GFNL 算法传统 NL-Means 算法中，复杂度最高的是两像素之间加权高斯距离的计算，因为每个像素都要计算其周围区域内所有像素与它的距离值，并按此距离计算出加权的权值。依据算法原理，像素邻域及其搜索范围应是整幅图像，在整个图像区域内计算，那么执行效率太低，工程实用性较差，这就增加了运算的复杂度。

因此，为了提高计算效率，选择两窗口并行运算，通过设置两个窗口尺寸，一个是像素邻域窗尺寸 $K\times K$，一个是像素邻域窗搜索范围的窗口大小 $L\times L$，即在 $L\times L$ 大小的区域里面选择像素的邻域大小为 $K\times K$ 执行 NL-means 算法，$K\times K$ 的窗口在 $L\times L$ 大小的区域里滑动，根据区域的相似性确定区域中心像素灰度的贡献权值。对于常见的噪声较大的图

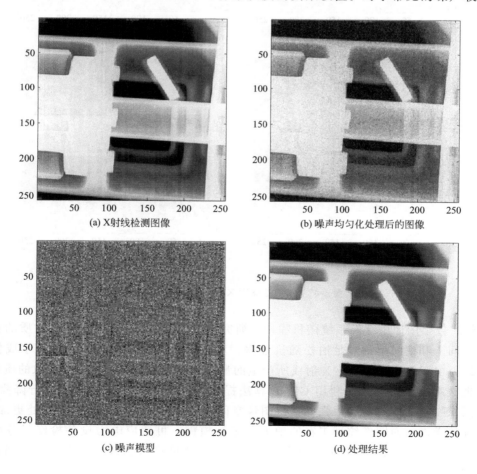

(a) X射线检测图像　　　　　　　　　　(b) 噪声均匀化处理后的图像

(c) 噪声模型　　　　　　　　　　　　(d) 处理结果

图 5-42　去噪处理后 X 射线数字图像 (1)

像，一般取 $K=7$、$L=21$ 就足够了，对于低噪声的图像 $K=3$、$L=7$ 基本就能满足降噪要求。项目中采取根据噪声水平来设置窗口大小，对于输入的噪声级的不同分为五个等级，即低噪声、较低噪声、中等、较高和高噪声，对于不同的噪声设置不同的处理窗口。

图 5-42 为断路器检测的去噪处理后 X 射线数字图像。图 5-43～图 5-49 不同类型噪声的消噪效果图，其中，图 5-43 的 X 射线数字图片中含有水平方向和垂直方向的噪声，图 5-44～5-49 为含有不同程度的垂直噪声的消噪效果图。

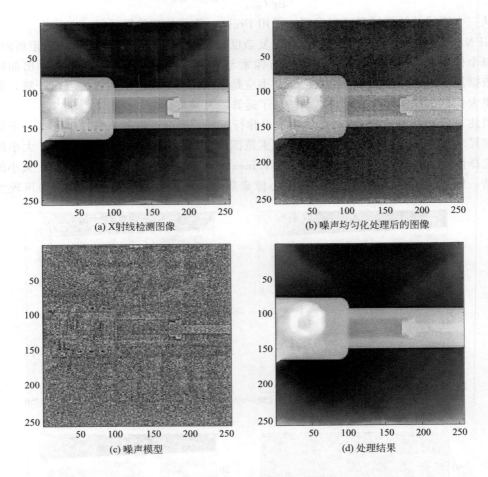

(a) X射线检测图像　　　　　　　　(b) 噪声均匀化处理后的图像

(c) 噪声模型　　　　　　　　　　　(d) 处理结果

图 5-43　去噪处理后 X 射线数字图像 (2)

X 射线数字图像中存在系统随机噪声，研究表明，X 射线的产生以及与物质的相互作用，在时间上和空间上都满足泊松随机过程。对于基于 X 射线的电力设备数字成像透视检测系统，由于曝光时间短，X 射线所产生的量子噪声更为突出，影响了图像的质量。因此，先把噪声模型均匀化，利用 GFNL 算法提取噪声模型，对扫描图像进行降噪处理，在降低图像噪声的同时具有很强的保持图像空间分辨率的能力，同时，平滑处更加平滑，消除系统随噪声，而图像纹理丰富的地方并未被模糊，可适应电力设备检修任务中的检测需要，从图 5-43～图 5-49 中可以看出，利用该算法可将 X 射线图片中噪声得到很好的处理。

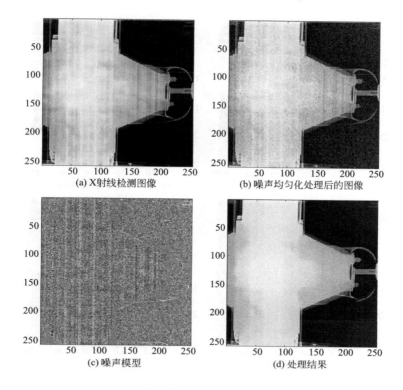

图 5-44　去噪处理后 X 射线数字图像 (3)

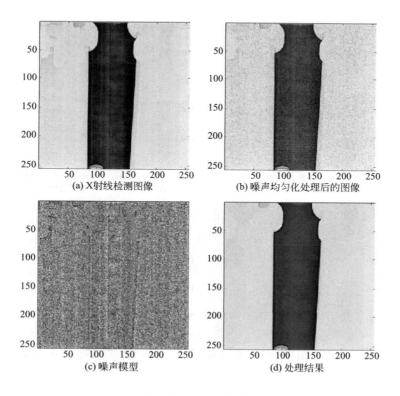

图 5-45　去噪处理后 X 射线数字图像 (4)

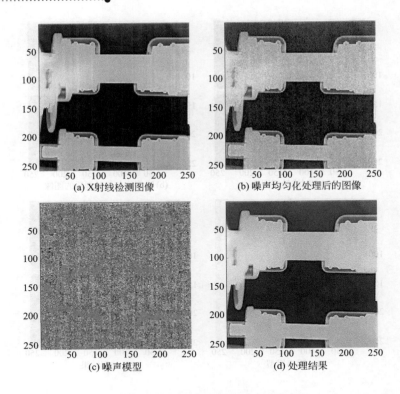

(a) X射线检测图像

(b) 噪声均匀化处理后的图像

(c) 噪声模型

(d) 处理结果

图 5-46 去噪处理后 X 射线数字图像 (5)

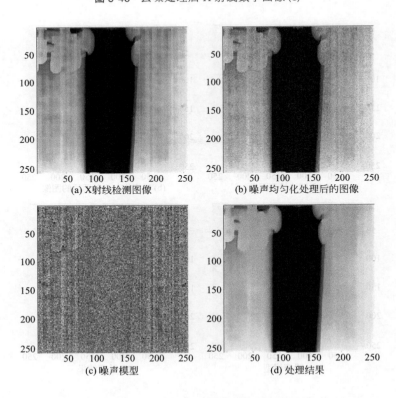

(a) X射线检测图像

(b) 噪声均匀化处理后的图像

(c) 噪声模型

(d) 处理结果

图 5-47 去噪处理后 X 射线数字图像 (6)

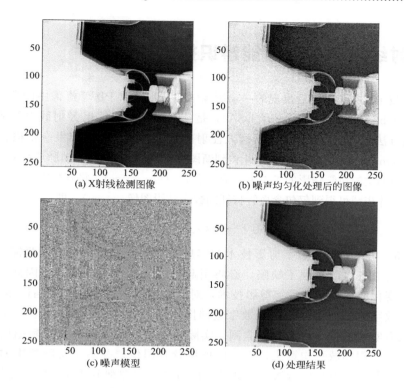

(a) X射线检测图像　　　　　　　　(b) 噪声均匀化处理后的图像

(c) 噪声模型　　　　　　　　　　　(d) 处理结果

图 5-48　去噪处理后 X 射线数字图像 (7)

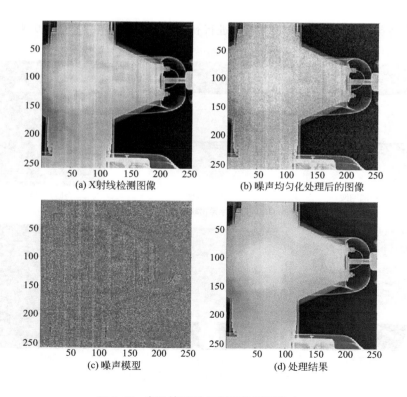

(a) X射线检测图像　　　　　　　　(b) 噪声均匀化处理后的图像

(c) 噪声模型　　　　　　　　　　　(d) 处理结果

图 5-49　去噪处理后 X 射线数字图像 (8)

5.5 X 射线数字图像智能辨识技术的研究

数字剪影技术是继 CT 之后出现的一项影像学新技术，源于医学影像中的数字剪影血管造影术 (Digital Subtraction Angiograph，DSA)，是计算机处理与常规 X 射线血管造影相结合的一种新的检测方法，其工作原理是在给病人注射血管造影剂前，先拍摄一张检查部位的 X 光片，称为蒙片 (mask image)，将其数字化得到新图像 $r(x,y)$，之后经动脉或静脉注射血管造影剂，再拍摄同一部位的血管造影的 X 光片，称为盈片 (live image)，将其数字化得到 $d(x,y)$，数字化的盈片与蒙片相减可得到仅包含血管特征的数字减影图像 $c(x,y)$，即

$$c(x,y)=d(x,y)-r(x,y) \tag{5-25}$$

由式(5-25) 可以看出，数字剪影技术的实质是消除背景干扰，增强两幅图像之间的差异，如果输配电设备内部出现了缺陷，必将引起相应区域密度的变化。因此，可以通过 X 射线检测图像变化的特点结合数字剪影技术，对 X 射线扫描图像进行缺陷检测。

本章利用数字剪影技术对 X 射线数字透照图片中存在的缺陷进行检测，并判断设备的运行状态，从而实现输变电设备状态监测。实际检测中，检测图像是实际拍摄的 X 射线图像，背景图像是采用邻域平均算法处理后的模拟背景图像，并不是实际拍摄的无缺陷 X 射线扫描图像，是利用具有良好低通特性滤波器的方法将图像细节滤除，留下能量集中于低频段的背景信息，从而达到模拟背景的目的，实验证明，采用直接相减的方法能够取得满意的结果。

利用数字剪影技术对 X 射线数字成像进行智能辨识，其结果如图 5-50 所示。

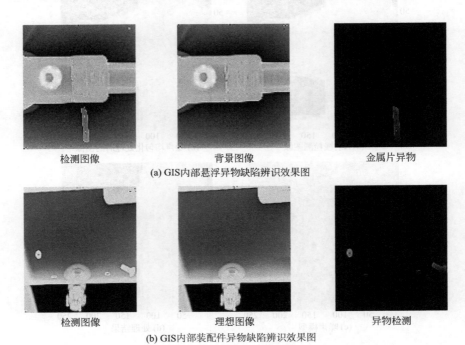

检测图像　　　　　　　背景图像　　　　　　　金属片异物

(a) GIS内部悬浮异物缺陷辨识效果图

检测图像　　　　　　　理想图像　　　　　　　异物检测

(b) GIS内部装配件异物缺陷辨识效果图

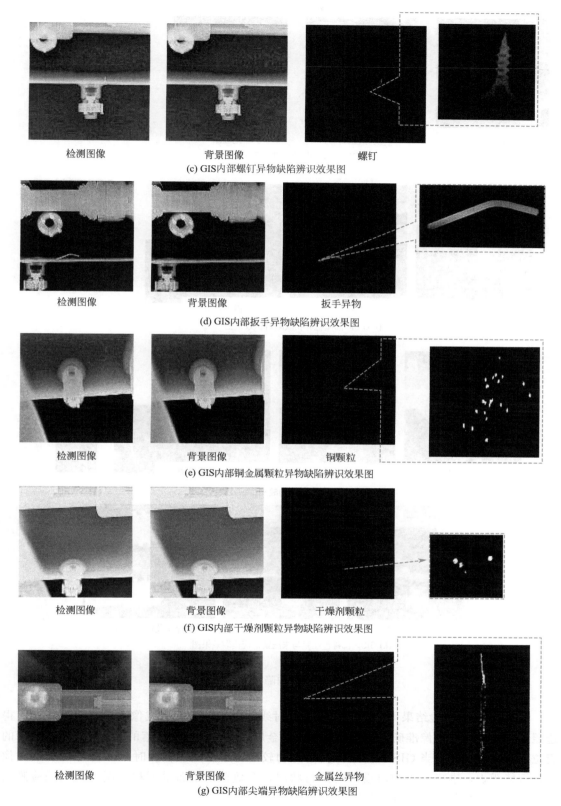

(c) GIS内部螺钉异物缺陷辨识效果图

(d) GIS内部扳手异物缺陷辨识效果图

(e) GIS内部铜金属颗粒异物缺陷辨识效果图

(f) GIS内部干燥剂颗粒异物缺陷辨识效果图

(g) GIS内部尖端异物缺陷辨识效果图

图 5-50

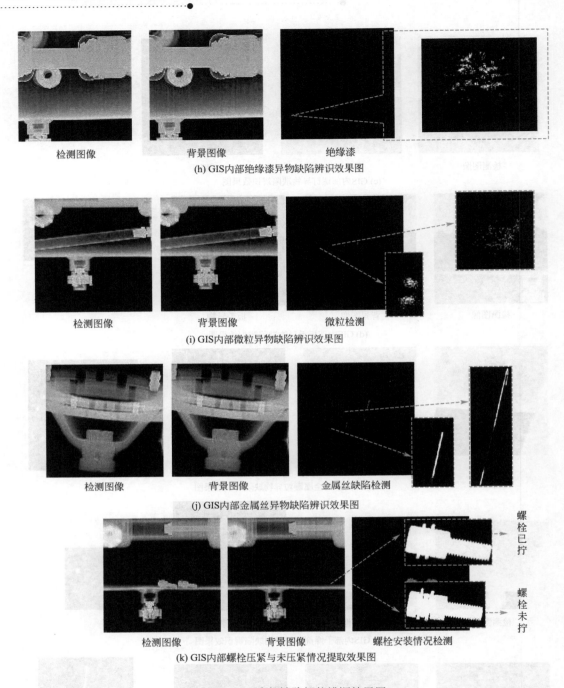

(h) GIS内部绝缘漆异物缺陷辨识效果图

(i) GIS内部微粒异物缺陷辨识效果图

(j) GIS内部金属丝异物缺陷辨识效果图

(k) GIS内部螺栓压紧与未压紧情况提取效果图

图 5-50　GIS 内部缺陷智能辨识结果图

从图 5-50 的试验结果可知，针对基于 X 射线的电力设备数字成像透视检测系统所获得透照图片，根据其图像准确地检测出设备中的金属片异物及螺栓脱落的位置，有利于故障的定位及分析。特别是当 GIS 设备中检测的异物较小，不易人工检测时，可利用 X 射线图像进行智能辨识，准确地检测出设备的运行状况，有效预防设备的漏检情况，并根据检测图像，对设备运行状况进行有效分析。

参考文献

［1］ Emre Avuçlu，Fatih Başçiftçi. The determination of age and gender by implementing new image processing methods and measurements to dental X-ray images［J］. Measurement，2020，149.

［2］ 阚禄松，王明泉，张俊生，等. 基于多尺度局部边缘保持滤波的 X 射线图像色调映射算法［J］. 科学技术与工程，2019，19（28）：217-221.

［3］ Irnstorfer Nikolaus，Unger Ewald，Hojreh Azadeh，Homolka Peter. An anthropomorphic phantom representing a prematurely born neonate for digital x-ray imaging using 3D printing：Proof of concept comparison of quality from different systems［J］. Scientific reports，2019，9（1）.

［4］ Schäfer Stefan B，Papst Sabine，Fiebich Martin，et al. Modification of chest radiography exposure parameters using a neonatal chest phantom［J］. Pediatric radiology，2019.

［5］ Hitachi Ltd. Patent Issued for X-Ray CT Apparatus，Image Processing Device And Image Reconstruction. Method （USPTO10，398，392）［J］. Computers，Networks & Communications，2019.

［6］ 迟大钊，马子奇，程怡，等. 基于 X 射线图像处理的单搭接焊缝缺陷识别［J］. 焊接，2019（08）：1-4，65.

［7］ 陈春谋. 基于直方图均衡化与拉普拉斯的铅条图像增强算法［J］. 国外电子测量技术，2019，38（07）：131-135.

［8］ 卞国龙，李勇，戚顺青，等. 基于卷积神经网络的轮胎 X 射线图像缺陷检测［J］. 轮胎工业，2019，39（04）：247-251.

［9］ 李瑞. 压接质量及导线的 X 射线数字成像缺陷检测［D］. 吉林：吉林大学，2018.

［10］ 马鸽. 面向极大规模集成电路封装 X 射线检测的图像处理关键问题研究［D］. 广州华南理工大学，2016.

第 6 章

人员和系统防护措施的研究

X 射线具有生物效应，超剂量辐射能引起人体放射性损伤，破坏人体的正常组织，并出现病理反应。辐射具有积累作用，超辐射剂量照射是致癌因素之一，并且可能殃及下一代，因此在射线透照中，安全防护十分关键。

安全防护的目的是防止发生对健康有害的确定性效应，并把随机性效应的发生概率降低到被认为可以接受的水平，从而尽量降低辐射可能造成的危害。为了实现上述防护目的，GB 18871—2002《电离辐射防护辐射源安全基本标准》中规定，在辐射防护中应遵循以下三个基本原则：

① 辐射实践的正当化，即辐射实践所致的电离辐射危害同社会和个人从中获得的利益相比是可以接受的，这种实践具有正当理由，获得的利益超过付出的代价。

② 辐射防护的最优化，即应当避免一切不必要的照射。在考虑经济和社会因素的条件下，所有辐射照射都应保持在可合理达到的尽可能低的水平。直接以个人剂量限值作为设计和安排工作的唯一依据并不恰当，设计辐射防护的真正依据应是防护最优化。

③ 个人限值，即在实施辐射实践的正当化和辐射防护的最优化原则的同时，运用剂量限值对个人所受的照射加以限制，使之不超过规定。

6.1　辐射量

从放射防护角度出发，将 X 射线辐射量分为电离辐射常用辐射量和辐射防护常用辐射量两类。电离辐射常用辐射量包括照射量、比释动能、吸收剂量等；辐射防护常用辐射量包括当量剂量和有效剂量等。

（1）照射量

用来表征 X 射线或 γ 射线对空气电离本领大小的物理量，是指 X 射线或射线的光子在单位质量的空气中释放出来的所有次级电子被空气完全阻止时，在空气中形成的任何一种符号的离子总电荷的绝对值，单位为伦琴（R）。照射量不能作为剂量计量单位，这是因为当 X 射线或 γ 射线与物质相互作用时，伦琴单位的定义不能正确反映被照射物质实际吸收辐射能量的客观规律。当能量相同的 X 射线与物质相互作用时，物质的种类不同，吸收的辐射能量也不同。

（2）比释动能

X 射线或 γ 射线与物质相互作用的最重要标志是将能量转移给物质，这是产生辐射效应的依据。能量转移分为两个阶段，首先 X 射线的能量转移给次级电子，然后次级电子通过电离和激发的形式，将能量转移给物质。比释动能用于描述第一阶段的能量转移情况。

比释动能是指不带电粒子与物质相互作用，在单位质量的物质中释放出来的所有带电粒子的初始动能的总和，单位为戈瑞（Gy）。比释动能率是单位时间的比释动能。

（3）吸收剂量

电离辐射与物质相互作用的结果是电离辐射的能量被物质所吸收，引起被照射物质的性质发生各种变化。物质吸收的辐射能量越多，则由辐射引起的效应就越明显。吸收剂量是表征受照物体吸收电离辐射能量程度的一个物理量。

吸收剂量的大小一方面取决于电离辐射的能量，另一方面取决于被照射物质本身的性质。因此，在提及吸收剂量时，必须说明是什么物质的吸收剂量。

一般来说，吸收剂量越大，生物效应也越大。由于人体对射线的生物损伤有一定的恢复能力，因此在受照总剂量相同时，小剂量的分散照射比一次大剂量的急性照射所造成的生物损伤要小得多。

（4）当量剂量

吸收剂量在一定程度上可以反映生物体因受到辐射而产生的生物效应。但辐射的生物效应不只是仅仅依赖于吸收剂量的大小，还与其他因素有关。同样的吸收剂量，由于射线的种类和能量不同，对机体产生的生物效应也不同。考虑到这一影响因素，引入一个与辐射种类和射线能量有关的辐射权重因子对吸收剂量进行修正。用辐射权重因子修正后的吸收剂量叫做当量剂量。当量剂量与吸收剂量的 SI 单位相同，为希沃特（Sv）、毫希沃特（mSv）、微希沃特（μSv），它们之间的关系为：$1Sv = 10^3 mSv = 10^6 μSv$。辐射权重因子的数值大小是由国际放射防护委员会（ICRP）选定的。其数值大小表示特定种类和能量的辐射在小剂量时诱发生物效应的概率大小。表 6-1 列出了常见射线的辐射权重因子。

▣ **表 6-1　常见射线的辐射权重因子**

辐射的类型及能量范围	辐射权重因子/W·h
光子，所有能量	1
电子及介子，所有能量	1
质子（不包括反冲质子），能量>2MeV	5
α 粒子、裂变碎片、重核	20
中子，能量<10keV	5
10~100keV	10
100keV~2MeV	20
2MeV~20MeV	10
>20MeV	5

从表 6-1 中可以看出，对于 X 射线和 γ 射线，无论能量多高，辐射权重因子始终为 1，也就是说对任一器官或组织，被 X 射线和 γ 射线照射后的吸收量和当量剂量在数值上是相等的。

（5）有效剂量

辐射防护中通常遇到的情况是小剂量慢性照射，在这种条件下的辐射效应主要是随机性效应。随机性效应发生的概率与受照的组织和器官有关，也就是不同的组织和器官虽然吸收了相同当量剂量的射线，但发生随机性效应的概率可能不一样。为了考虑不同组织和器官对发生辐射随机性效应的不同敏感度，引入权重因子对当量剂量进行加权修正，使得修正后的当量剂量能够更好地反映出受照组织或器官吸收射线后所受的危害程度。经过加权修正的当量剂量称为有效剂量。

☑ 表 6-2　常见各组织器官权重因子

组织或器官	组织权重因子	组织或器官	组织权重因子/R
性腺	0.20	肝	0.05
（红）骨髓	0.12	食道	0.05
结肠	0.12	甲状腺	0.05
肺	0.12	皮肤	0.01
胃	0.12	肝表面	0.01
膀胱	0.05	骨表面	0.01
乳腺	0.05	其余组织和器官	0.05

注：$1R = 2.58 \times 10^{-4} C/kg$。

从表 6-2 中可以看出，每个组织的权重因子均小于 1。对射线越是敏感的组织，权重因子的数值越大，所有组织权重因子的总和为 1。

6.2　辐射的生物效应

辐射作用于物体时由于电离作用，将造成生物体的细胞、组织、器官的损伤，引起病理反应，这一现象称为辐射的生物效应。

辐射对生物体的作用是一个极其复杂的过程。生物体从吸收辐射能量开始到产生生物效应，会经历许多不同性质的变化。一般认为将经历以下四个阶段：①物理变化阶段，持续约 10^{-13} s，细胞被电离；②物理-化学变化阶段，持续约 10^{-10} s，离子与水分子作用，形成新产物；③化学变化阶段，持续约几秒，反应产物与细胞分子作用，可能破坏复杂分子；④生物变化阶段，持续约几秒至几十年，上述化学变化可能破坏细胞或其功能。

（1）确定性效应和随机性效应

按照剂量与生物效应的关系，辐射对机体带来的损害可以分为确定性效应和随机性效应两类。

① 确定性效应　是在通常情况下存在剂量阈值的一种辐射效应。这种生物效应只有当剂量超过一定的值之后才发生，效应的严重程度也与剂量的大小有关。当受到的剂量较低时，因被杀死的细胞较少，不会引起组织或器官出现可检查到的功能性损伤，在健康人中引起的损害概率为零。随着剂量的增大，被杀死的细胞增加，当剂量增加到一定水平时，其概

率陡然上升到100%，这个值称为剂量阈值。

②随机性效应　是效应的发生率与剂量成正比，而严重程度与剂量无关的辐射效应。一般认为，这种效应的发生不存在剂量阈值。对于正常的低剂量照射情况，从辐射防护的目的出发，常假定随机性效应的发生率与吸收剂量之间存在线性关系，即剂量越大，随机效应发生的概率越大。随机性效应分为以下两大类：第一类发生在体细胞内，当电离辐射使细胞发生变异（基因突变或染色体畸变）而未被杀死时，这些存活着的但发生变异的细胞能继续繁殖，经过长短不一的潜伏期，可能在受照射体内诱发癌症，这种随机性效应称为致癌效应；第二类发生在生殖组织细胞内，当电离辐射使生殖细胞发生变异时，就可能传给受照射者的后代，使其后裔出现遗传疾患，这种随机性效应称为遗传效应。

（2）影响辐射损伤的因素

辐射损伤是一个复杂的过程，与辐射性质、剂量率、照射的部位和面积、照射方式、照射的几何条件等许多因素有关。

①辐射性质　包括辐射的种类和能量。不同类型的辐射，其电离密度不同，因而相对生物效应也不同。如X射线与γ射线的生物效应基本一致，而中子的生物效应比γ射线大。对于同一种类的辐射，射线能量不同造成穿透能力不同，产生的生物效应也不同。如低能X射线造成皮肤红斑所需的照射量小于高能射线，这是因为低能X射线主要被皮肤所吸收，而高能X射线的能量同时分布到较深的组织中去了。

②剂量率　由于人体对辐射的生物损伤有一定的恢复能力，因此在吸收剂量相同的情况下，剂量率越大，生物效应越显著。

③照射的部位　由于辐射敏感性不同，受照部位不同，产生的生物效应也不同。例如，以6Gy照射全身可引起致死，而同样的剂量照射手足，可能不会发生明显的临床症状。身体各部位的辐射敏感性依次为：腹部＞盆腔＞头部＞胸部＞四肢。高度敏感的组织有淋巴组织、胸腺、骨髓、性腺和胚胎组织；中度敏感的组织有感觉器官、内皮细胞、皮肤上皮、唾液腺和肾、肝、肺的上皮细胞；轻度敏感组织有中枢神经系统、内分泌腺、心脏等；不敏感组织有肌肉组织、软骨和骨组织、结缔组织。

④照射面积　辐射损伤与照射面积密切相关，相同剂量照射下，受照面积越大，产生的效应也越大。例如，全身受到γ射线照射达到5Gy时，可能发生重度的骨髓型急性放射病；而以同样剂量照射人体的某些局部部位，可能不会出现明显的临床症状。当然，如果受照部位有敏感性组织，即使是小面积的照射也会造成严重损伤。

⑤照射方式　分为外照射和内照射两种，对于射线检测工作者来说，主要是外照射。在条件相同时，就α、β、γ射线引起的辐射危害程度来说，外照射时，α＞β＞γ；而内照射时，则γ＞β＞α。

⑥照射的几何条件　外照射情况下，人体内的剂量分布受到入射辐射的角度分布、空间分布及辐射能谱的影响，并且还与人体受照射时的姿势及其在辐射场内的取向有关。

6.3　屏蔽防护常用材料

（1）屏蔽材料的屏蔽原理

屏蔽材料对电离辐射的屏蔽作用是通过材料中所含物质对电离辐射的吸收完成的。物质对射线的吸收大体以下述两种方式进行，即能量吸收和粒子吸收。

① 能量吸收　以射线与物质粒子发生弹性和非弹性散射的方式进行，如康普顿散射。当物质与高能射线作用时，能量吸收占主导地位。

② 粒子吸收　以散射粒子与物质的原子或原子核发生相互作用的方式进行，如光电效应。决定物质粒子吸收能力的主要因素为该物质原子的 K 层吸收限位置，即取决于物质的 K 层吸收是否覆盖射线的能量或能谱。对于低能 X 射线，物质的 L 层吸收也起到一定作用。当物质与中能和低能 X 射线作用时，粒子吸收占有重要地位。

（2）屏蔽材料的要求

虽然理论上任何物质都能使穿过的射线受到衰减，但并不是都适合作屏蔽防护材料。在选择屏蔽防护材料时，必须从材料的防护性能、结构性能、稳定性能和经济成本等方面综合考虑。

① 防护性能　主要是指材料对辐射的衰减能力。也就是说，为达到某一预定的屏蔽效果所需材料的厚度和质量。在屏蔽效果相当的情况下，成本差别不大，厚度最薄、质量最轻的材料最理想。此外，还应考虑所选材料在衰减入射的过程中不产生贯穿性的次级辐射，或即使产生，也非常容易吸收。

② 结构性能　屏蔽材料除应具有很好的屏蔽性能外，还应成为建筑结构的部分。因此，屏蔽材料应具有一定的结构性能，包括材料的物理形态、力学特征和机械强度。

③ 稳定性能　为保持屏蔽效果的持久性，要求屏蔽材料稳定性能好，也就是材料具有抗辐射能力，而且当材料处于水、汽、酸、碱、高温环境时，能耐高温、抗腐蚀。

④ 经济成本　所选用的屏蔽材料应成本低、来源广泛、易加工，且安装、维修方便。

（3）常用屏蔽防护材料及特点

屏蔽 X 射线和射线常用的材料有两类：一类是高原子序数的金属；另一类是低原子序数的建筑材料。

① 铅　铅的原子序数为 82，密度为 $11350kg/m^3$，具有耐腐蚀、在射线照射下不易损坏和强衰减 X 射线的特征，是一种良好的屏蔽防护材料。但铅的价格贵、结构性能差、机械强度差、不耐高温、具有化学毒性、对低能 X 射线的散射线量较大。选用时需根据情况具体分析，例如，用作 X 射线管管套内衬防护层、防护椅、遮线器、铅屏风和放射源容器等。

在 X 射线防护的特殊需要中，还常采用含铅制品，如铅橡胶、铅玻璃等。铅橡胶可制成铅橡胶手套、铅橡胶围裙、铅橡胶活动挂帘和各种铅橡胶个人防护用品等；铅玻璃保持了玻璃的透明特性，可做 X 射线机透视荧光屏上的防护用铅玻璃，以及铅玻璃眼镜和各种屏蔽设施中的观察窗。

② 铁　铁的原子序数为 26，密度为 $7800kg/m^3$。铁的力学性能好、价廉、易于获得、有较好的防护性能，是防护性能与结构性能兼优的屏蔽材料，通常多用于固定式或移动式防护屏蔽。对 1kV 以下的 X 射线，大约 6mm 厚的铁板就相当于 1mm 厚铅板的防护效果，因此可在很多地方用铁代替铅。

③ 砖　砖价廉、通用、来源容易。在医用诊断 X 射线能量范围内，一砖厚（24cm）实心砖墙约有 2mm 的铅当量。对低于激发电压产生的 X 射线，砖的散射线量较小，故是屏蔽防护的好材料，但在施工中应使砖缝内的砂浆饱满，不留空隙。

④ 混凝土　混凝土由水泥、石子、沙子和水混合制成，密度约为 $2300kg/m^3$。混凝土的成本低廉，有良好的结构性能，多用作固定防护屏障。为特殊需要，可以通过加进重骨料（如重晶石、铁矿石、铸铁块等），以制成密度较大的重混凝土。重混凝土的成本较高，浇筑时必须保证重骨料在整个防护屏障内的均匀分布。

6.4　辐射防护的基本方法

辐射防护的目的在于控制辐射对人体的照射，使其保持在可以合理做到的最低水平，保证个人所受到的剂量当量不超过国家标准的规定。

对于电网设备的 X 射线检测，只需要考虑外照射的防护。通常，对外照射的防护主要采取时间防护、距离防护和屏蔽防护方法。

(1) 时间防护

时间防护主要控制射线对人体的曝光时间。在辐射区域里工作的人员，其累积剂量正比于他在该区域停留的时间。照射时间越长，工作人员所受的剂量越大。为了控制剂量，对于个人来说，就要求操作熟练，动作尽量简单迅速，减少不必要的照射时间。为确保每个工作人员的累积剂量在允许的剂量限制以内，有时一项工作需要几个人轮换操作，从而达到缩短照射时间的目的。

(2) 距离防护

距离防护主要控制辐射源与人体之间的距离。在现场检测中，增大与辐射源间距离是降低受照剂量的主要方法。这是因为，在辐射源一定时，照射剂量或剂量率与距离的平方成反比，即

$$\frac{D_1}{D_2}=\frac{R_2^2}{R_1^2} \tag{6-1}$$

式中　D_1——距辐射源 1 点处的剂量或剂量率；

D_2——距辐射源 2 点处的剂量或剂量率；

R_1——辐射源到 1 点的距离；

R_2——辐射源到 2 点的距离。

从式(6-1) 中可见，当距离增加一倍时，剂量或剂量率减少到原来的 1/4。其余依此类推，在实际工作中，为减少工作人员所受的剂量，在条件允许的情况下，应尽量增大人体与辐射源之间的距离，尤其是在无屏蔽的室外工作，应充分利用连接电缆长度及控制柜的延时启动功能，达到距离防护的目的。

(3) 屏蔽防护

屏蔽防护就是根据辐射通过物质时强度被减弱的原理，在工作人员与辐射源之间加一层足够厚的屏蔽，把照射剂量减少到容许剂量水平以下。在实际应用中，铅和混凝土是最常用的屏蔽防护材料。

6.5　人员防护措施

　　X 射线技术在日常生活和科研中扮演着越来越重要的角色。近年来，基于 X 射线的检测和成像技术在工业、医疗、化工等领域得到了越来越多的应用。然而，X 射线能量高，穿过空气时将引起电离辐射。任何电离辐射照射物体时，受照物体将吸收电离辐射的全体或部分能量。如果受照物体是生物体，会引起生物效应，生物效应的大小与吸收能量的多少有密切关系，也就是说吸收的能量越多，生物效应就越厉害。对人体而言，接受过多的照射会引起机体细胞功能下降，进而诱发各种病症。因此，发明一种有效的 X 射线防护方法不仅有利于操作人员的健康，而且能够促进 X 射线技术的推广和应用。

　　目前，X 射线防护主要有三个基本因素：时间、距离和屏蔽层。第一，照射率不变的情况下，照射时间越短，操作人员所接受的剂量越少，损伤也越小；第二，照射剂量与离源的距离平方成反比，增大与辐射源距离可以降低受照剂量，减少对人体伤害；第三，在辐射源与操作人员之间加吸收物质，减小射线能量，降低射线对人体的伤害。

（1）一般公众人员的防护方法及防护设备

　　利用射线在空气中传播的发散和在铅材料中的衰减规律，将可以得到不同 X 射线辐射强度下，一般公众人员的安全距离，设计了公众人员的防护装置。不同 X 射线管电压下，操作人员离 X 射线源不同距离时所应配备的铅屏蔽装置，具体包括以下几步：

　　① X 射线源的辐射强度为 I；

　　② 受照面积为 S 的人在 R_2 处对射线源张开的立体角为 $\dfrac{S}{R_2^2}$；

　　③ 距离射线源 R_2 处、受照面积为 S，质量为 m 的人，单位时间内接受的辐射剂量为 $I\dfrac{S}{mR_2^2}$；

　　④ 根据步骤③所述，每小时内接受的剂量为 $3600I\dfrac{S}{mR_2^2}$；

　　⑤ 根据国家标准《500kV 以下工业 X 射线探伤机防护规则》（GB 22448—2008），一般公众人员在 1 小时内吸收的剂量不能大于 $40\mu\mathrm{Sv}=4\times10^{-5}\mathrm{J\cdot kg^{-1}}$，即 $3600I\dfrac{S}{mR_2^2}\leqslant 4\times10^{-5}$；

　　⑥ 根据步骤⑤，当公众人员正面朝射源区域时，$\dfrac{S}{m}$ 最大，此时的安全距离也最大；同时，正面面积大、体重小的公众人员，其安全距离也较大；此处，取公众人员的正面面积为 $0.74\times2.26=1.67\mathrm{m}^2$，体重 140kg（以姚明的正面面积和体重来计算），$\dfrac{S}{m}=0.012$，其他 $\dfrac{S}{m}$ 小于 0.012 的公众人员，安全距离相应减小；因此，只要在 $\dfrac{S}{m}=0.012$ 公众的安全距离处设置警戒线和警示灯，$\dfrac{S}{m}\leqslant0.012$ 的公众都将是安全的；

　　⑦ 根据步骤⑥，取射源强度分别为 0.001、0.002、0.005、0.01、0.02、0.05、

$0.1 \mathrm{J} \cdot \mathrm{rad}^{-1} \mathrm{s}^{-1}$，得出 $\dfrac{S}{m} \leqslant 0.012$ 公众人员的安全距离；

⑧ 根据步骤⑥和步骤⑦得出 $\dfrac{S}{m} \leqslant 0.012$ 的一般公众的安全距离，在安全距离处拉上警戒线，并设置红外警示灯，公众靠近警戒线时，便会报警。这样，射线操作人员在听到警报声后，便可上前劝阻公众人员离开，从而将公众人员隔离在安全区内，保护了公众的安全。警戒线和警示灯的布置如图 6-1 所示。

(2) 射线操作人员的防护方法及防护设备

在一定距离范围内，射线操作人员应配备一定厚度的屏蔽装置，其计算方法包括以下步骤：

① X 射线机管电压为 u，管电流为 i，电能转化为辐射光子能量的比例系数为 c，不同的射线机 c 值也不相同；在此，不考虑电能转化为热的部分，即电能全部转化为辐射光子能量，即 $c=1$，得到的光子辐射能大于实际值，以此计算得到的屏蔽层厚度也大于实际值，因此也是安全的；

② 考虑电能转化为热的部分，电能全部转化为辐射光子能量，得到的光子能量考虑电能转化为热的部分，即电能全部转化为辐射光子能量，得到的光子辐射能大于实际值，以此计算得到的屏蔽层厚度也大于实际值，因此也是安全的。

根据步骤①，X 射线机的辐射强度为 $I_0 = \dfrac{ui}{4\pi}$；

③ 射线源强度为 I_0，经过距离 R_1 后，其强度减弱为 I_i，其值为 $\dfrac{I_0}{R_1^2} = \dfrac{ui}{4\pi R_1^2}$；

④ 强度为 I_i 的射线，经过厚度为 d 的屏蔽层后，其强度衰减为 $I_i B \mathrm{e}^{-\mu d}$，其中 B 为积累因子，μ 为光子在物质中的线衰减系数，d 为屏蔽层厚度，e 为自然对数的底；

⑤ 受照面积为 S、离射源距离 R_1 的射线操作人员单位时间内接受的剂量为 $\dfrac{I_i B \mathrm{e}^{-\mu d} S}{m} = \dfrac{ui S B \mathrm{e}^{-\mu d}}{4\pi m R_1^2}$；

⑥ 射线操作人员每小时内接受的剂量为 $3600 \dfrac{ui S B \mathrm{e}^{-\mu d}}{4\pi m R_1^2}$；

⑦ 根据国家标准《500kV 以下工业 X 射线探伤机防护规则》（GB 22448—2008），操作人员 1h 内承受的辐射不能超过 $40\mu Sv = 4\times10^{-5}$（$\mathrm{J} \cdot \mathrm{kg}^{-1}$），即 $3600 \dfrac{ui S B \mathrm{e}^{-\mu d}}{4\pi m R_1^2} \leqslant 4\times10^{-5}$；

⑧ 根据步骤⑦所述，在给定 u、i、R_1、和 $\dfrac{S}{m}$ 的情况下，先估算一个 μd 值；

⑨ X 射线的光子流密度为 n，光子辐射能量为 E，则单位立体角内的光子能量为 $\dfrac{1}{3}R_1^3 nE$；

⑩ 根据步骤⑨的结果，可得 $\dfrac{1}{3}R_1^3 nE = \dfrac{ui}{4\pi}$，$E = \dfrac{3ui}{4\pi n R_1^3}$；

⑪ 根据步骤⑩中得到的 E 值，由表 6-3 查出对应的 B 值；

⑫ 将步骤⑪得到的 B 值代入 $3600\dfrac{uiSBe^{-\mu d}}{4\pi mR_1^2}\leqslant 4\times 10^{-5}$，求出一个 μd 值，由表 6-3 查出对应的 B 值；

⑬ 重复步骤⑫，直到相邻两次求得的 μd 值相等；

⑭ 根据 X 射线管电压值，由表 6-4 查出不同光子辐射能量下的铅半价层厚度 $T_{1/2}$；

⑮ 由公式 $\mu=0.693/T_{1/2}$ 得出铅对 X 射线的线衰减系数 μ；

⑯ 根据步骤⑫和⑬，求得铅屏蔽层厚 $d=\mu d/\mu$。

⑰ 根据步骤⑬～步骤⑯，计算出管电压 u 为 150kV、200kV、250kV、300kV、400kV，管电流 $i=3\text{mA}$，$\dfrac{S}{m}=0.012$，光子流密度 $n=4.5\times 10^{11}$，操作人员离射源距离 $R_1=10\text{m}$ 和 20m 时所配备的铅屏蔽层厚度。

⑱ 根据步骤⑰，当 X 射线管电压固定后，射线操作人员离射源距离处于 10～20m 之间时，其应配备的铅防护层厚度位于该电压下的最大值和最小值之间；

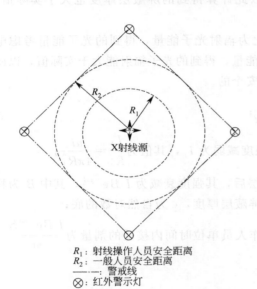

R_1：射线操作人员安全距离
R_2：一般人员安全距离
———：警戒线
⊗：红外警示灯

图 6-1 射线操作人员配备的铅屏蔽装置图

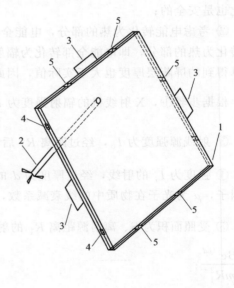

图 6-2 安全防护装置示意图
1—塑料屏蔽罩；2—可旋转支架；3—手柄；
4—转动枢轴；5—锁紧装置

⑲ 根据步骤⑱，固定电压的 X 射线，当射线光子流密度 $n\geqslant 4.5\times 10^{11}$ 时，光子辐射能减小，同等距离下所需的屏蔽层厚度减小。

射线操作人员配备如图 6-2 所示的安全防护装置。该铅屏蔽罩外壳为塑料，尺寸大小为 1m×1m。使用时，操作人员根据其离射线源的距离，利用上述步骤计算出所需的铅板厚度；选定铅板厚度后，将铅屏蔽罩的外壳打开，将铅板放入塑料壳内，并锁紧；锁紧后，利用可转动支架将铅屏蔽罩支撑在地面上，根据需要调整支撑杆与地面的角度。操作人员需移动铅屏蔽罩时，可手持手柄将其移至所需处，然后利用支架将屏蔽层撑起，与地面成一定角度。在不同辐射强度、不同管电压和不同射线源距离下的安全要求如表 6-5～表 6-7 所示。

表 6-3　各向同性点源的剂量积累因子（B）

物质	辐射能量（E）/MeV	μd/mm						
		1	2	3	7	10	15	20
铁	0.25	1.95	3.19	5.09	9.11	14.1	24.4	37.6
	0.5	2.00	3.15	6.07	12.0	19.7	36.3	56.3
	0.662	1.94	3.06	5.88	11.6	15.9	34.5	54.1
	1.0	1.85	2.86	5.34	10.1	14.2	27.7	41.6
	1.25	1.80	2.74	4.99	9.18	12.6	24.0	35.4
	1.5	1.76	2.63	4.67	8.35	15.97.37	20.7	29.7
	4.0	1.47	1.99	3.14	5.12	14.2	11.6	16.5
铅	0.25	1.08	1.14	1.21	1.30	12.6	1.45	1.57
	0.5	1.22	1.38	1.61	1.83	7.37	2.36	2.68
	0.662	1.29	1.50	1.84	2.25	1.37	3.06	3.57
	1.0	1.37	1.67	2.19	2.89	2.09	4.43	5.36
	1.25	1.39	1.74	2.36	3.25	3.51	5.47	6.88
	1.5	1.40	1.77	2.41	3.43	4.10	5.90	7.44
	4.0	1.27	1.57	2.27	3.15	4.38	9.54	15.2
混凝土	0.25	2.60	4.85	11.4	27.3	4.99	119.6	227.0
	0.5	2.28	4.04	9.00	20.2	36.4	75.5	129.8
	0.662	2.15	3.68	7.86	16.9	29.2	57.2	93.7
	1.0	1.99	3.24	6.43	12.7	20.7	37.1	56.5
	1.25	1.91	3.03	5.76	10.9	17.2	29.6	43.9
	1.5	1.85	2.86	5.25	9.65	14.5	24.0	34.4
	2.0	1.76	2.62	4.56	7.88	11.6	18.3	25.6
	4.0	1.51	2.10	3.26	5.07	6.94	10.2	43.5

表 6-4　强衰减、宽 X 射线束的近似半价层厚度 $T_{1/2}$ 和 1/10 价层厚度 $T_{1/10}$

峰值电压/kV	不同光子辐射能量下的铅半价层厚度 $T_{1/2}$/cm		不同光子辐射能量下的铅 1/10 价层厚度 $T_{1/10}$/cm	
	铅	混凝土	铅	混凝土
50	0.006	0.43	0.017	1.5
70	0.017	0.84	0.039	2.8
100	0.027	1.6	0.052	6.3
125	0.028	2.0	0.088	6.6
150	0.030	2.24	0093	7.4
200	0.052	2.5	0.17	8.4
250	0.088	2.8	0.29	9.4
300	0.147	3.1	0.48	10.9
400	0.250	3.3	0.83	10.9
500	0.360	3.6	1.19	11.7
1000	0.790	4.4	2.6	14.7

表 6-5　不同辐射强度下一般公众人员的安全距离

辐射强度/J·rad^{-1}s^{-1}	0.001	0.002	0.005	0.01	0.02	0.05	0.1
公众安全距离 R_2/m	≥32.9	≥46.5	≥73.5	≥103.9	≥147.0	≥232.0	≥6.3.6

表 6-6　不同 X 射线管电压下，操作人员离射线源 10m 所应配备的铅屏蔽层厚度

X 射线管电压/kV	150	200	250	300	400
屏蔽层厚度 d/mm	≥6.3	≥11.3	≥19.6	≥33.3	≥58.6

注：光子流密度 $n=4.5\times10^{11}$，操作人员离射源的距离 R_1 为 10m，管电流 $i=3\text{mA}$

☐ 表 6-7　不同 X 射线管电压下，操作人员离射线源 20m 时所应配备的铅屏蔽层厚度

X 射线管电压/kV	150	200	250	300	400
屏蔽层厚度 d/mm	≥5.1	≥9.1	≥15.8	≥27.1	≥47.9

注：光子流密度 $n = 4.5 \times 10^{11}$，操作人员离射源的距离 R_1 为 20m，管电流 $i = 3mA$

6.6　成像板防护措施

基于 X 射线的电力设备数字成像透视检测系统的成像板收集 X 射线照射设备后射线信息情况。作为 X 射线机实时成像装置的一种，数字平板直接成像装置（Direct Radiography），其装置如图 6-3 所示，这种技术是近几年才发展起来的全新的数字化成像技术。数字平板技术有非晶硅和非晶硒和 CMOS 三种，前面两种技术是利用 X 射线撞击介质，引起电荷偏移来形成图像信息，后者是将电子控制和放大电路置于每一个图像探头上来捕捉 X 射线，最终转化成图像信息，这三种都是在成像板上安置了电子器件，为了延长其使用寿命，需要对其进行保护，其理由如下所述：

① 由于我们将 X 射线用于电力设备的检测，因此在检测时所要检测的设备都是带高压电例如 GIS 设备（气体绝缘金属封闭开关），工作电压可在数百千伏，工作时可能会发生闪络现象，从而对成像板上的电子器件造成损伤，减少其使用寿命，因此需要添加保护装置；

② 数字成像板的面积是固定的，若待检测的设备部位投射面积较小，意味着大多数射线机发射的 X 射线直接投射到成像板上。这种直接投射的 X 射线，它具有高能量，投射到成像板上，会使得成像板上的电子器件满负荷或超负荷的工作，而一般 X 射线检测设备需要连续工作，这对于这部分直接裸露的成像板部位会造成不必要的损耗，因此需要添加隔离保护装置。

基于 X 射线的电力设备数字成像透视检测系统是目前世界最新的射线照相技术，与之配套的数字成像板是数字成像系统的核心。到目前为止，仍然没有关于数字成像板保护装置的报道。

（1）X 射线数字成像透视检测数字成像系统成像板保护的原理

轻型金属保护板具有良好的导电性能，其对数字成像板形成立体范围的电磁屏蔽，从而减少了闪络对成像板内部电子器件的损伤。高原子序数的铅具有很强的射线屏蔽作用，用其做隔离罩能够减小射线直射对成像板的损伤。

（2）成像板保护装置

成像板的保护装置，其加工步骤包括以下：

① 前、后保护板的加工。选择轻型金属的毛坯进行铣削加工，或者利用冲压技术得到前后保护板。由于只是用于安置成像板，因此精度要求不高，相应的公差可在 ±2mm。成像板上的把手也可利用铝制件进行冲压而成，并利用螺栓固定在保护板上。加工完后的前、后保护板通过螺栓装配起来。前后保护板的尺寸根据实际成像板的尺寸来加工；

② 支撑架的加工。支撑架的加工可分两步完成：第一，以高强度钢为加工材料，利用

冲压得到下方的板；第二，将相应的导柱攻螺纹装配到下方的板上。支撑架的尺寸根据实际成像板的尺寸来加工；

③ 上、下顶块的加工。以高强度钢为材料，利用铣削加工得到相应尺寸的顶块。孔的公差为±0.2，其余位置公差为±0.5mm。上、下顶块的尺寸根据实际成像板的尺寸来加工；

④ 铅块的加工。铅块的加工分两步：第一，根据保护罩尺寸来确定铅块的长和宽；第二，根据不同的射线能量，加工不同厚度的铅块；

⑤ 夹紧板的加工。夹紧板的加工分三步：第一，选择高强度钢为材料，铣削加工并打孔作为钢板层；第二，将一定厚度的橡胶皮固定在钢板层上；第三，将钢板层装配到螺纹导柱上，并以蝴蝶形螺母进行锁紧。夹紧板的尺寸根据成像板和铅块的尺寸来加工。

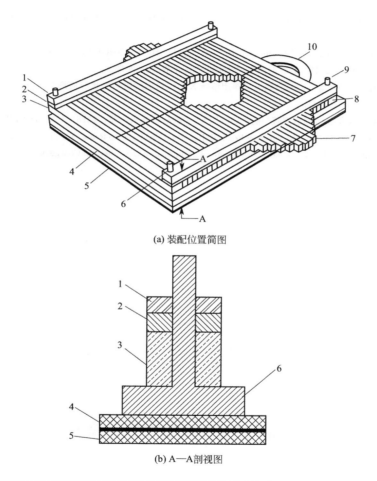

(a) 装配位置简图

(b) A—A剖视图

序号	1	2	3	4	5	6	7	8	9	10
名称	钢板层	橡胶层	下顶块	前金属罩外壳	后金属罩外壳	下支撑架	组合的小铅块	上顶块	上支撑架	手柄

图6-3 X射线成像板保护装置

参考文献

［1］ 孙海江．医用 X 射线球管检测的防护装置．中国医学装备大会暨 2019 医学装备展览会论文汇编［C］．《中国医学装备》杂志社，2019：2.

［2］ 李仲修，孙小娜，王玉文等．新疆某市乡（镇）卫生院 X 射线诊断设备性能与防护调查［J］．疾病预防控制通报，2019，34（03）：66-67，72.

［3］ Anadol Remzi，Brandt Moritz，Merz Nico，et al. Effectiveness of additional X-ray protection devices in reducing Scattered radiation in radial interventions：protocol of the ESPRESSO randomised trial［J］．BMJ open，2019，9（7）.

［4］ Emre Avuçlu，Fatih Başçiftçi. The determination of age and gender by implementing new image processing methods and measurements to dental X-ray images［J］．Measurement，2020，149.

［5］ 陈飚，陈春晖，高林峰等．X 射线床旁摄片场所电离辐射水平和防护效果研究［J］．中国辐射卫生，2019，28（02）：135-138.

［6］ 宋志伟，赵潇，邢亚飞等．西北某市地铁一、二号线 X 射线行李包检查系统辐射防护检测结果分析［J］．中国卫生工程学，2019，18（02）：203-205.

［7］ Biosense Webster（Israel）Ltd. "Augmented Reality Goggles Having X-Ray Protection" in Patent Application Approval Process（USPTO 20180344266）［J］．Medical Patent Week，2018.

［8］ 宋丽扬，赵金荣，宋亚明等．北京市密云区医用诊断 X 射线机房放射防护状况检测与分析［J］．世界最新医学信息文摘，2018，18（35）：14-15.

［9］ 郑程．工业 X 射线探伤装置辐射屏蔽与防护研究［J］．中国战略新兴产业，2018（16）：180-182.

［10］ Hirshfeld John W，Fiorilli Paul N，Silvestry Frank E. Important Strategies to Reduce Occupational Radiation Exposure in the Cardiac Catheterization Laboratory：No Lower Limit.［J］．Journal of the American College of Cardiology，2018，71（11）.

第 7 章

经典工程案例分析

7.1 云南开关厂110kV GIS设备的可视化检测

利用基于X射线的电力设备数字成像透视检测系统对云南开关厂110kV GIS设备透视检测，各部件检测结果如下。

（1）隔离开关气室

将110kV GIS隔离开关气室外壳打开，在其内部放入静触头，同时在触头内部加入垫片、螺栓等零件，以模拟隔离开关缺陷；动触头断开与闭合状态也利用基于X射线的电力设备数字成像透视检测系统进行透照。现场情况如图7-1所示，X射线成像效果图如图7-2所示。

图7-1 110kV GIS隔离开关气室现场情况

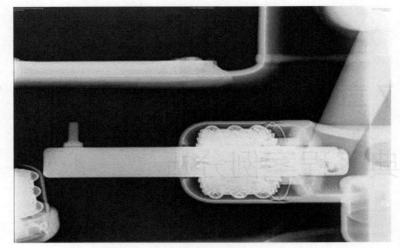

(a) 位置1

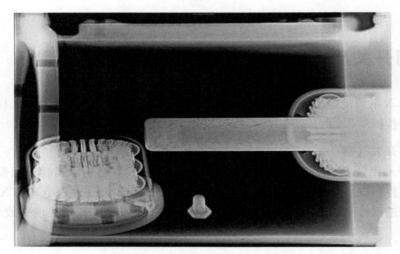

(b) 位置2

(c) 位置3

(d) 位置4

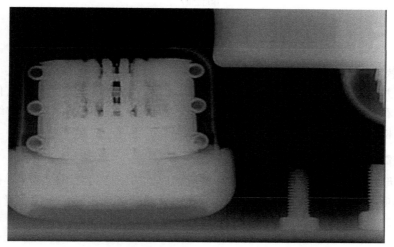

(e) 位置5

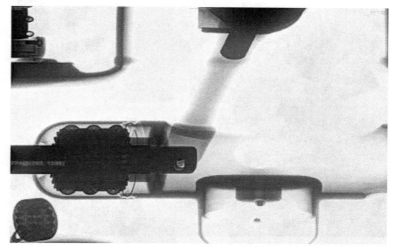

(f) 位置6

图 7-2

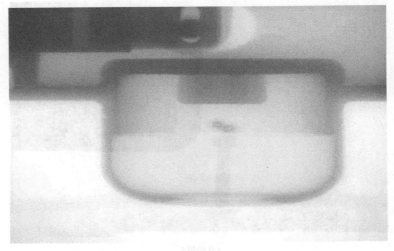

(g) 位置7

图 7-2 110kV GIS 隔离开关气室 X 射线成像效果图

图 7-2 是模拟 110kV GIS 隔离开关动触头断开、闭合状态及其加入静触头、螺栓、垫片等不同情况，并利用基于 X 射线的电力设备数字成像透视检测系统进行可视化检测，从图中可以清楚地看到 110kV GIS 隔离开关气室内部情况，从而说明了基于 X 射线的电力设备数字成像透视检测系统能够实现对其的可视化检测。

（2）母线筒

GIS 设备母线筒是由多部件、多材质材料所构成，为了达到对不同部件、材料可视化检测的目的。本项目对母线筒进行可视化检测并通过试验研究确定满足成像质量检测要求的最佳成像结果图。现场情况如图 7-3 所示，X 射线成像效果图如图 7-4 所示。

图 7-3 110kV GIS 母线筒现场情况

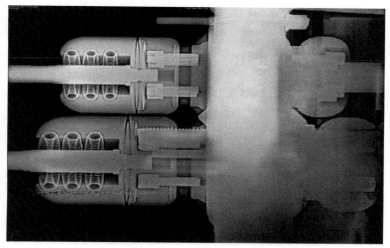

(a) 位置1

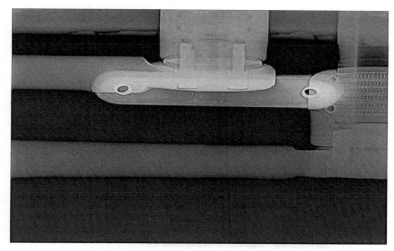

(b) 位置2

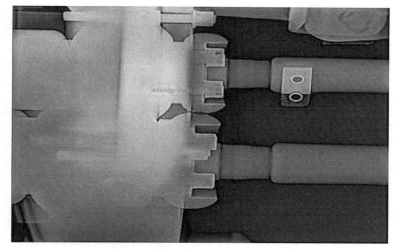

(c) 位置3

图 7-4

(d) 位置4

(e) 位置5

(f) 位置6

图 7-4　110kV GIS 母线筒 X 射线成像效果图

　　图 7-4 是对 GIS 母线筒不同部位利用基于 X 射线的电力设备数字成像透视检测系统成像效果图。从图中可以清楚地看到 110kV GIS 母线筒内部情况，从而说明了基于 X 射线的电力设备数字成像透视检测系统能够实现对其的可视化检测。

（3）套管

　　GIS 套管是有陶瓷材料所构成，其现场情况如图 7-5 所示，在 GIS 套管内部加入铁块模拟其缺陷，并利用基于 X 射线的电力设备数字成像透视检测系统进行透照后的 X 射线成像效果图如图 7-6 所示。

图 7-5　GIS 套管现场情况

图 7-6　GIS 套管 X 射线成像效果图

　　从图 7-6 可以清楚地看到 110kV GIS 套管内存在的铁块，从而说明了基于 X 射线的电力设备数字成像透视检测系统能够实现对其的可视化检测。

（4）电流互感器

　　电流互感器内部是由铁芯及线圈所构成，10kV 电流互感器现场情况如图 7-7 所示，X 射线成像效果图如图 7-8 所示。

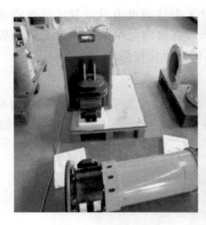
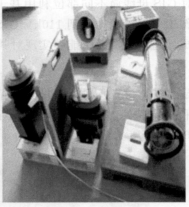

图 7-7　10kV 电流互感器

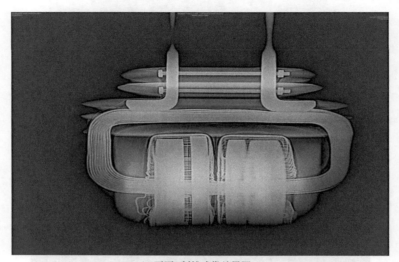

(a) 正面X射线成像效果图

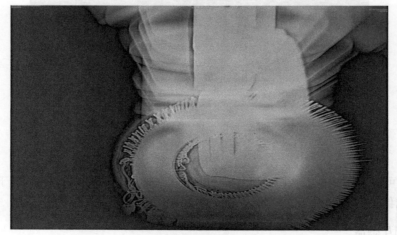

(b) 侧面X射线成像效果图

图 7-8　10kV 电流互感器 X 射线成像效果图

7.2　南窑变 110kV GIS 设备的可视化检测

利用基于 X 射线的电力设备数字成像透视检测系统对南窑变 110kV GIS 设备可视化检测，各部件检测结果如下。

(1) 出线气室

出线段腔体中心距地面 2.8m，将 X 射线机及成像板摆放于腔体中间位置，基于 X 射线的电力设备数字成像透视检测系统现场布置情况如图 7-9 所示。

图 7-9　出线气室的 X 射线数字成像系统现场布置情况

针对图 7-9 所示位置，基于 X 射线的电力设备数字成像透视检测系统利用表 7-1 所示参数进行 X 射线透照，其 X 射线成像效果图如图 7-10 所示。

(a) 序号1

(b) 序号2

图 7-10　出线气室的 X 射线成像效果图

表 7-1 基于 X 射线的电力设备数字成像透视检测系统对出线气室内进行可视化成像的参数设置

序号	焦距/mm	电压/kV	电流/mA	曝光时间/s	采集次数
1	980	250	2.0	2	4
2	980	220	2.0	2	4

从图 7-10 可以看出，两种参数下所拍摄效果相差不大，都能明显看到气室内 A 相、B 相、C 相三根导线，由于单根导线成三角形排列，拍摄照片中两根导线有部分重叠，可以通过改变 X 射线机和成像板位置来调整拍摄范围。

（2）接地开关

由于现场空间狭窄，X 射线成像系统摆放位置很受限制，成像板插在一个狭小的缝隙里，X 射线机只能在 90°的范围内调整，结合两台设备摆放空间的限制以及拍摄位置的选取，X 射线机及成像板布置位置如图 7-11 所示。针对图 7-11 所示位置，基于 X 射线的电力设备数字成像透视检测系统利用表 7-2 所示参数进行 X 射线透照，其 X 射线成像效果图如图 7-12 所示。

表 7-2 基于 X 射线的电力设备数字成像透视检测系统对接地开关进行可视化成像的参数设置

焦距/mm	电压/kV	电流/mA	曝光时间/s	采集次数
980	170	1.5	2	4

图 7-11 接地开关现场情况

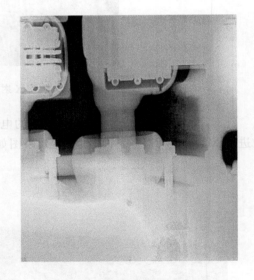

图 7-12 接地开关的 X 射线成像效果图 (1)

从图 7-12 可以看出，X 射线透照效果较好，内部元器件清晰可见，可对现场分析提供有利参考。通过上移一定距离来调整 X 射线机和成像板对接地开关内部进行透照，基于 X 射线的电力设备数字成像透视检测系统参数如表 7-3 所示，其 X 射线成像效果图如图 7-13 所示。

表 7-3 基于 X 射线的电力设备数字成像透视检测系统对接地开关进行可视化成像的参数设置

序号	焦距/mm	电压/kV	电流/mA	曝光时间/s	采集次数
1	980	190	1.5	2	4
2	980	220	1.5	2	4

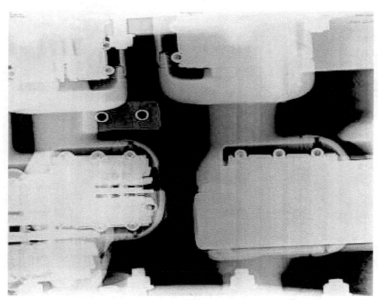

(a) 序号1

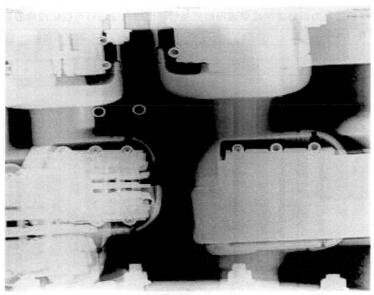

(b) 序号2

图 7-13　接地开关的 X 射线成像效果图 (2)

从图 7-13 中可以看出，X 射线机和成像板上移一定距离后，气室内元器件位置更加明晰可辨。基于 X 射线的电力设备数字成像透视检测系统上移一定距离，X 射线机及成像板现场摆放位置如图 7-14 所示。

针对图 7-14 所示位置，基于 X 射线的电力设备数字成像透视检测系统利用表 7-4 所示参数进行 X 射线透照，其 X 射线成像效果图如图 7-15 所示。

图 7-14 上移 X 射线机和成像板后的现场布置情况

⊡ **表 7-4 基于 X 射线的电力设备数字成像透视检测系统对出线气室进行可视化成像的参数设置**

序号	焦距/mm	电压/kV	电流/mA	曝光时间/s	采集次数
1	980	180	1.5	2	4
2	980	220	1.5	2	4

(a) 序号1

(b) 序号2

图 7-15　接地开关的 X 射线成像效果图 (3)

从图 7-15 的 X 射线成像效果图来看，本次 X 射线机及成像板的位置调整使触头与上面导线的连接更清晰，X 射线透照图片中间部分是两段腔体的法兰连接。

（3）盆式绝缘子

盆式绝缘子处是 L 形拐角，X 射线机和成像板摆放位置限制极大，X 射线机使用航吊调整到适当位置，成像板使用人字梯悬挂于恰当位置，具体摆放位置如图 7-16 所示。

图 7-16　盆式绝缘子基于 X 射线的电力设备数字成像透视检测系统布置情况

　　针对图 7-16 所示位置，基于 X 射线的电力设备数字成像透视检测系统利用表 7-5 所示参数进行 X 射线透照，其 X 射线成像效果图如图 7-17 所示。

▢ 表 7-5　基于 X 射线的电力设备数字成像透视检测系统对盆式绝缘子进行可视化成像的参数设置

序号	焦距/mm	电压/kV	电流/mA	曝光时间/s	采集次数
1	1250	220	1.5	2	4
2	1250	250	1.5	2	4

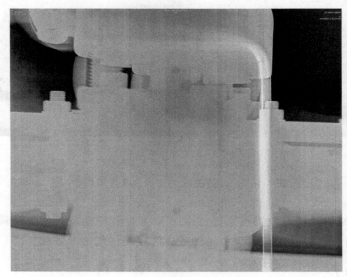

(a) 序号 1

（b）序号 2

图 7-17　盆式绝缘子的 X 射线成像效果图

从图 7-17 的 X 射线透照图片可以看出，通过加大射线机的发射电压和电流，盆式绝缘子以外的金属设备已经有被照穿的趋势，但是盆式绝缘子在图中依旧是白色，看不到内部结构。

（4）隔离开关气室

隔离开关位于气室的拐角处，由于拐角处机械机构比较复杂，只能采用倾斜照射的方案。现场布置如图 7-18 所示。针对图 7-18 所示位置，基于 X 射线的电力设备数字成像透视检测系统利用表 7-6 所示参数进行 X 射线透照，其 X 射线成像效果图如图 7-19 所示。

表 7-6　基于 X 射线的电力设备数字成像透视检测系统对出线气室进行可视化成像的参数设置

序号	焦距/mm	电压/kV	电流/mA	曝光时间/s	采集次数
1	1000	220	2.5	2	4
2	1000	160	1.5	2	4

图 7-18　检测隔离开关的 X 射线机与成像板现场布置情况

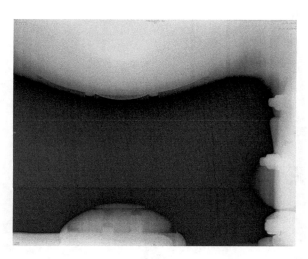

（a）序号 1

图 7-19

（b）序号 2

图 7-19　隔离开关的 X 射线成像效果图

从图 7-19 中可以看出，通过不断减小照射电压和电流，隔离开关气室中的导电杆逐渐显示得更加清晰。由于本次隔离开关气室的外面的设备比较复杂，X 射线机和成像板的摆放位置受到很大的限制，无法从多角度拍摄，因此，拍不到气室中的隔离开关机构。

7.3　郭家凹 110kV GIS 设备的可视化检测

利用基于 X 射线的电力设备数字成像透视检测系统对郭家凹 110kV GIS 设备可视化检测，220kV 郭家凹变电站是无人值班变电站，其 GIS 是室外 110kV GIS，本次可视化检测是针对电网侧保护系统检查而停电检修的 110kV 郭郊Ⅱ回 GIS154 断路器气室而进行的，其现场情况如图 7-20 所示。

图 7-20　GIS154 断路器气室现场情况

（1）断路器

针对断路器部位 X 射线机及成像板布置情况如图 7-21 所示。

图 7-21　检测断路器部位的 X 射线机及成像板现场布置情况

针对图 7-21 所示位置，基于 X 射线的电力设备数字成像透视检测系统利用表 7-7 所示参数进行 X 射线透照，其 X 射线成像效果图如图 7-22 所示。

⊡ **表 7-7　基于 X 射线的电力设备数字成像透视检测系统对断路器进行可视化成像的参数设置**

序号	曝光时间/s	采集次数	电压/kV	电流/mA	焦距/mm
1	2	4	170	3.0	15000
2	2	4	180	3.0	15000

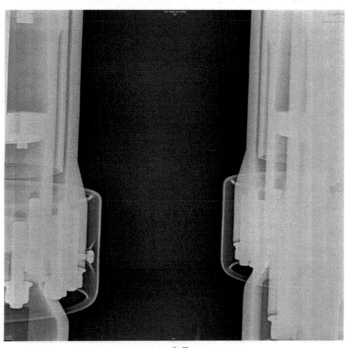

（a）序号 1

图 7-22

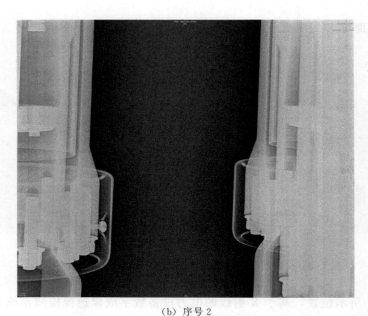

(b) 序号 2

图 7-22 断路器部位的 X 射线成像效果图

由图 7-22 可以看出，应用 170～180kV、3.0mA 的参数就可以轻松照穿 GIS 设备看到内部设备，从图中可以清晰地看到屏蔽罩与固定螺栓，由于电压相差不大，两者对照不是很明显。该 GIS 为三相一体的断路器，将成像板右移，用于拍摄右边单项导体杆的具体结构，参数用表 7-7 序号 2 参数进行 X 射线透照，其成像效果图如图 7-23 所示。

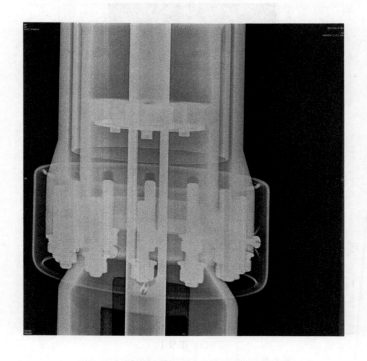

图 7-23 断路器单相的 X 射线成像效果图

（2）断路器底部

为检测断路器底部 X 射线机及成像板现场布置情况如图 7-24 所示，针对图 7-24 所示位置，基于 X 射线的电力设备数字成像透视检测系统利用表 7-8 所示参数进行 X 射线透照，其 X 射线成像效果图如图 7-25 所示。

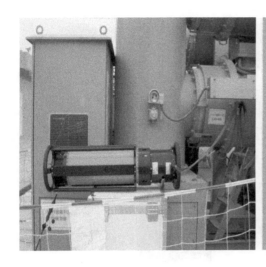

图 7-24　检测断路器底部的 X 射线机及成像板现场布置情况

表 7-8　X 射线电力设备数字成像透视检测系统对断路器底部进行可视化成像的参数设置

序号	曝光时间/s	采集次数	电压/kV	电流/mA	焦距/mm
1	2	4	180	2.7	15000
2	2	4	250	2.7	15000

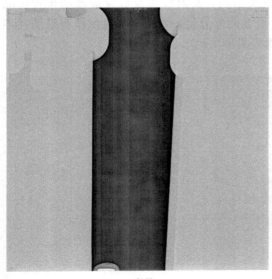
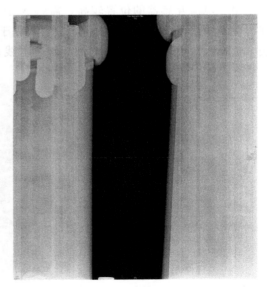

（a）序号 1　　　　　　　　　　　　（b）序号 2

图 7-25　断路器底部的 X 射线成像效果图

从图 7-25(a) 可以看出来，180kV 照射断路器底端明显没有把旁边的导体棒照穿，看不到导体棒的具体结构。将电压加到 250kV 得到图 (b)，发现两边的导体棒基本照穿，同样的，右边导体棒明显是两项叠加在一起的效果，根据这个情况，继续移动成像板。将电压设定为 150kV 获得如图 7-26 所示断路器单相底部的 X 射线成像效果图。

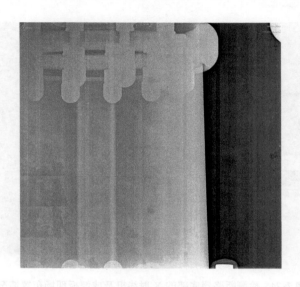

图 7-26　断路器单相底部的 X 射线成像效果图

从图 7-26 中看出，断路器内部及底部的情况，从而说明了基于 X 射线的电力设备数字成像透视检测系统对 110kV GIS 断路器进行可视化检测的可行性。

(3) 电流互感器

由于电流互感器的位置较高，需将 X 射线机头抬高，X 射线机及成像板现场布置情况如图 7-27 所示，针对图 7-27 所示位置，基于 X 射线的电力设备数字成像透视检测系统利用表 7-9 所示参数进行 X 射线透照，其 X 射线成像效果图如图 7-28 所示。

图 7-27　检测电流互感器的 X 射线机及成像板现场布置情况

▢ 表 7-9 X 射线电力设备数字成像透视检测系统对电流互感器进行可视化成像的参数设置

曝光时间/s	采集次数	电压/kV	电流/mA	焦距/mm
2	4	180	3.0	15000

图 7-28 电流互感器的 X 射线成像效果图

从图 7-28 可以看出，电流互感器位置有动静触头机构，可以清楚地看出触头插入情况。为了看清楚其他相触头插入情况，对成像板与 X 射线机进行了多次调整，并按照表 7-10 所示参数分别得到如图 7-29 所示的 X 射线成像效果图。

▢ 表 7-10 X 射线电力设备数字成像透视检测系统对电流互感器进行可视化成像的参数设置

序号	曝光时间/s	采集次数	电压/kV	电流/mA	焦距/mm
1	2	4	200	3.0	15000
2	2	4	180	3.0	15000
3	2	4	210	3.0	15000
4	2	4	210	3.0	15000

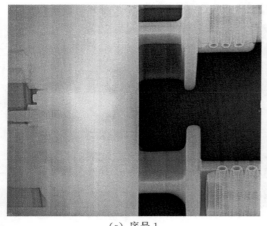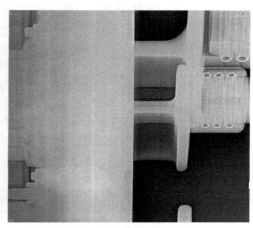

（a）序号1   （b）序号2

图 7-29

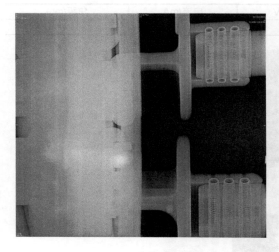
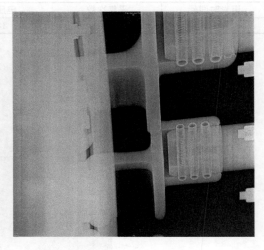

（c）序号3 　　　　　　　　　　　　　　　　（d）序号4

图 7-29　不同参数下电流互感器的 X 射线成像效果图

从图 7-28 和图 7-29 中可以清楚地看出电流互感器触头插入深度情况并通过软件进行测量，可较为准确地确定出触头插入深度，以确定其是否在厂家设计允许公差范围内，且说明了基于 X 射线的电力设备数字成像透视检测系统对电流互感器触头插入深度进行可视化检测的可行性。

（4）TA 隔离开关

检测 TA 隔离开关的 X 射线机及成像板现场布置情况如图 7-30 所示，针对图 7-30 所示位置，基于 X 射线的电力设备数字成像透视检测系统利用表 7-11 所示参数进行 X 射线透照，其三相和单相 X 射线成像效果图如图 7-31 所示。

图 7-30　检测 TA 隔离开关的 X 射线机及成像板现场布置情况

⊡ 表 7-11　X 射线数字成像透视检测系统对 TA 隔离开关进行可视化成像的参数设置

曝光时间/s	采集次数	电压/kV	电流/mA	焦距/mm
2	4	150	3.0	600

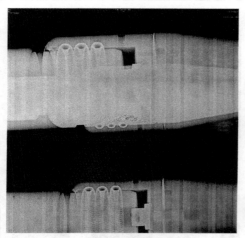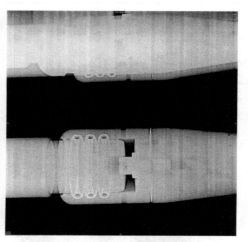

(a) TA隔离开关三相的X射线成像效果图　　　　　(b) TA隔离开关单相的X射线成像效果图

图 7-31　TA 隔离开关的 X 射线成像效果图

从图 7-31 中可以清楚地看出，TA 隔离开关内部三相导体等情况，从而说明了基于 X 射线的电力设备数字成像透视检测系统对 110kV GISTA 隔离开关进行可视化检测的可行性。

（5）避雷器

检测避雷器的 X 射线机及成像板现场布置情况如图 7-32 所示，针对图 7-32 所示位置，基于 X 射线的电力设备数字成像透视检测系统利用表 7-12 所示参数进行 X 射线透照，其 X 射线成像效果图如图 7-33 所示。

图 7-32　检测避雷器的 X 射线机及成像板现场布置情况

⊡ 表 7-12　基于 X 射线的电力设备数字成像透视检测系统对避雷器进行可视化成像的参数设置

序号	曝光时间/s	采集次数	电压/kV	电流/mA	焦距/mm
1	2	4	170	3.0	1000
2	2	4	140	3.0	1000

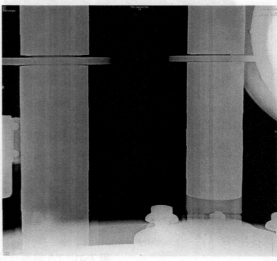

　　　　　（a）序号 1　　　　　　　　　　　　　　　　（b）序号 2

图 7-33　避雷器的 X 射线成像效果图

　　从图 7-33 中可以看出，图（b）成像效果优于图（a），因此 140kV 的照射参数较佳，也说明了 X 射线数字成像透视检测系统对 110kV GIS 避雷器进行可视化检测的可行性。

（6）接地开关

　　检测接地开关的 X 射线机及成像板现场布置情况如图 7-34 所示，针对图 7-34 所示位置，基于 X 射线的电力设备数字成像透视检测系统利用表 7-13 所示参数进行 X 射线透照，其 X 射线成像效果图如图 7-35 所示。

图 7-34　检测接地开关的 X 射线机及成像板现场布置情况

表 7-13　基于 X 射线的电力设备数字成像透视检测系统对接地开关进行可视化成像的参数设置

序号	曝光时间/s	采集次数	电压/kV	电流/mA	焦距/mm
1	2	4	140	3.0	1000
2	2	4	160	3.0	1000

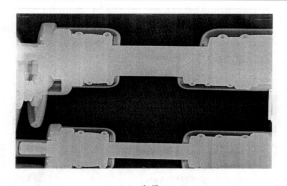 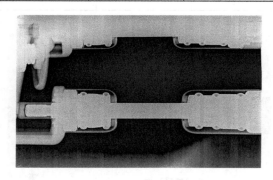

(a) 序号 1　　　　　　　　　　　　　　(b) 序号 2

图 7-35　接地开关的 X 射线成像效果图

从图 7-35 中图（a）和图（b）比对后可以看出，图（b）的成像效果更清晰，因此针对此检测位置，160kV 的照射参数最佳，也说明了基于 X 射线的电力设备数字成像透视检测系统对 110kV GIS 接地开关进行可视化检测的可行性。

7.4　十里铺 110kV GIS 设备的可视化检测

利用基于 X 射线的电力设备数字成像透视检测系统对十里铺 110kV GIS 设备可视化检测，各部件检测结果如下。

(1) 隔离开关

隔离开关部位罐体直径是 64cm，距地高度为 144cm，X 射线机及成像板现场布置情况如图 7-36 所示，针对图 7-36 所示位置，基于 X 射线的电力设备数字成像透视检测系统利用表 7-14 所示参数进行 X 射线透照，其 X 射线成像效果图如图 7-37 所示。

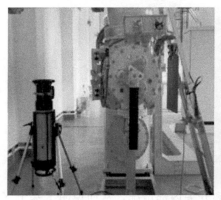 

图 7-36　检测隔离开关的 X 射线机及成像板现场布置情况

⊡ 表 7-14 基于 X 射线的电力设备数字成像透视检测系统对隔离开关进行可视化成像的参数设置

序号	焦距/mm	电压/kV	电流/mA	曝光时间/s	采集次数
1	1650	200	3	2	4
2	1650	300	3	2	4

 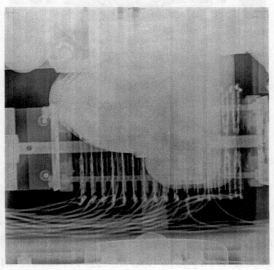

(a) 序号 1　　　　　　　　　　　　　　　　(b) 序号 2

图 7-37　隔离开关的 X 射线成像效果图 (1)

上移 X 射线机与成像板，保持焦距不变，利用表 7-14 序号 2 所设参数进行 X 射线透照，其成像效果图如图 7-38 所示。

图 7-38　隔离开关的 X 射线成像效果图 (2)

从图 7-37 和图 7-38 中可以清楚地看出隔离开关内部情况，从而说明了基于 X 射线的电力设备数字成像透视检测系统对 110kV GIS 隔离开关进行可视化检测的可行性。

（2）接地开关

接地开关罐体直径 64cm，X 射线机及成像板现场布置情况如图 7-39 所示，针对图 7-39 所示位置，基于 X 射线的电力设备数字成像透视检测系统利用表 7-15 所示参数进行 X 射线透照，其 X 射线成像效果图如图 7-40 所示。

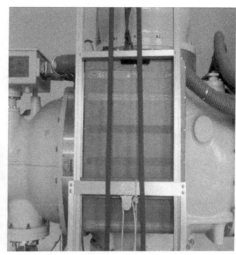

图 7-39　检测接地开关的 X 射线机及成像板现场布置情况

▣ **表 7-15**　**基于 X 射线的电力设备数字成像透视检测系统对接地开关进行可视化成像的参数设置**

序号	焦距/mm	电压/kV	电流/mA	曝光时间/s	采集次数
1	1400	250	3	2	4
2	1400	230	2	2	4

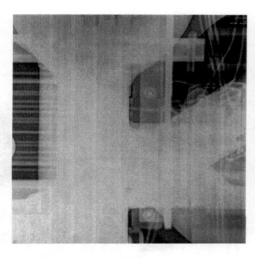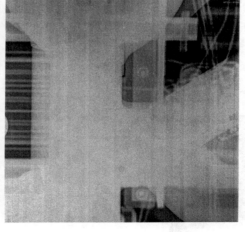

（a）序号 1　　　　　　　　　　　　（b）序号 2

图 7-40　接地开关的 X 射线成像效果图

（3）断路器

断路器罐体直径 81cm，X 射线机及成像板现场布置情况如图 7-41 所示，针对图 7-41 所示位置，基于 X 射线的电力设备数字成像透视检测系统利用表 7-16 所示参数进行 X 射线透照，其 X 射线成像效果图如图 7-42 所示。

图 7-41　检测断路器的 X 射线机及成像板现场布置情况

表 7-16　基于 X 射线的电力设备数字成像透视检测系统对断路器进行可视化成像的参数设置

序号	焦距/mm	电压/kV	电流/mA	曝光时间/s	采集次数
1	1350	220	3	2	4
2	1350	200	2	2	4

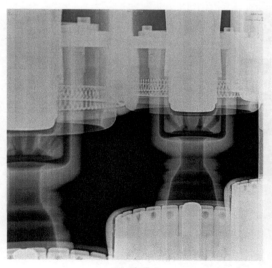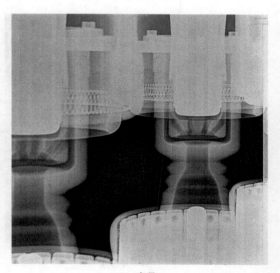

（a）序号 1　　　　　　　　　　　　（b）序号 2

图 7-42　断路器的 X 射线成像效果图

将 X 射线机下移，保持成像板和焦距不变，电压分别为 230kV 和 180kV 进行透照，其成像效果图如图 7-43 所示。

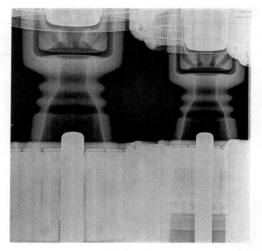 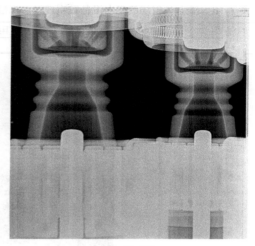

（a）230kV　　　　　　　　　　　　　（b）180kV

图 7-43　X 射线机下移后断路器的 X 射线成像效果图

继续下移射线机、射线机放在地面上，基于 X 射线的电力设备数字成像透视检测系统分别利用表 7-17 所示参数进行 X 射线透照，其 X 射线成像效果图如图 7-44 所示。

⊡ **表 7-17**　X 射线数字成像透视检测系统对断路器进行可视化成像的参数设置

焦距/mm	电压/kV	电流/mA	曝光时间/s	采集次数
1350	260	3	2	4

 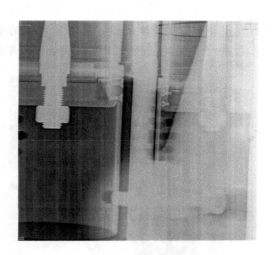

（a）位置 1　　　　　　　　　　　　　（b）位置 2

图 7-44　断路器的 X 射线成像效果图

　　将 X 射线机和成像板往其左侧进行旋转，减小焦距，基于 X 射线的电力设备数字成像透视检测系统分别利用表 7-18 所示参数进行 X 射线透照，其 X 射线成像效果图如图 7-45 所示。

⊡ 表 7-18　基于 X 射线的电力设备数字成像透视检测系统对断路器进行可视化成像的参数设置

焦距/mm	电压/kV	电流/mA	曝光时间/s	采集次数
1260	220	3	2	4

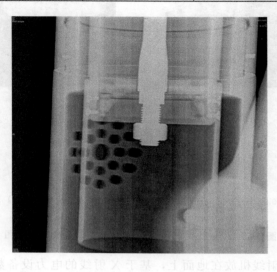

图 7-45　断路器的 X 射线成像效果图——X 射线机和成像板向左侧旋转

　　从图 7-38～图 7-45 中可以清楚地看出，断路器内部情况，从而说明了基于 X 射线的电力设备数字成像透视检测系统对 110kV GIS 断路器进行可视化检测的可行性。

（4）TA

　　检测 TA 的 X 射线机及成像板现场布置情况如图 7-46 所示，针对图 7-46 所示位置并将 X 射线机和成像板不断下移，基于 X 射线的电力设备数字成像透视检测系统利用表 7-19 所示参数进行 X 射线透照，其 X 射线成像效果图如图 7-47 所示。

图 7-46　检测 TA 的 X 射线机及成像板现场布置情况

⊡ 表 7-19　基于 X 射线的电力设备数字成像透视检测系统对 TA 进行可视化成像的参数设置

电压/kV	电流/mA	曝光时间/s	采集次数
250	3	2	4

（a）图 7-46 所示位置

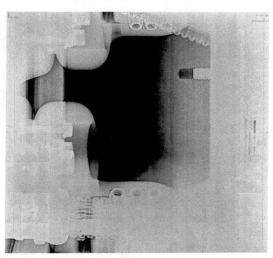

（b）检测系统下移后

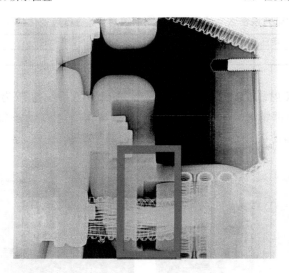

（c）检测系统继续下移后

图 7-47　TA 的 X 射线成像效果图

从图 7-47 中可以清楚地看出，TA 内部及触头插入深度情况，从而说明了基于 X 射线的电力设备数字成像透视检测系统对 110kV GISCT 内部及触头插入深度是否在厂家设计允许公差范围情况进行可视化检测的可行性。

（5）TV

TV 罐体直径 60cm，X 射线机及成像板现场布置情况如图 7-48 所示，针对图 7-48 所示位置并将 X 射线机和成像板不断移动，基于 X 射线的电力设备数字成像透视检测系统利用表 7-20 所示参数进行 X 射线透照，其 X 射线成像效果图如图 7-49 所示。

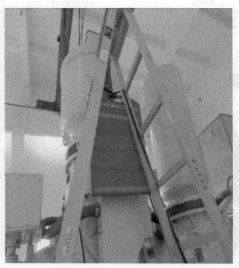

图 7-48   检测 TV 的 X 射线机及成像板现场布置情况

⊡ **表 7-20   基于 X 射线的电力设备数字成像透视检测系统对 TV 进行可视化成像的参数设置**

焦距/mm	电压/kV	电流/mA	曝光时间/s	采集次数
1470	250	3	2	4

图 7-49(c) 基于 X 射线的电力设备数字成像透视检测系统电压为 230kV，从图 7-49 中可以清楚地看出 TV 内部情况，从而说明了基于 X 射线的电力设备数字成像透视检测系统对 110kV GIS-TV 内部情况进行可视化检测的可行性。

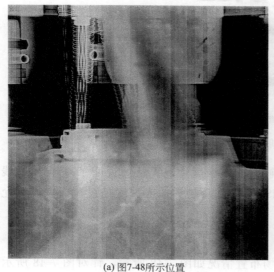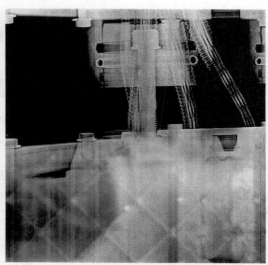

(a) 图7-48所示位置   (b) 射线机左移动

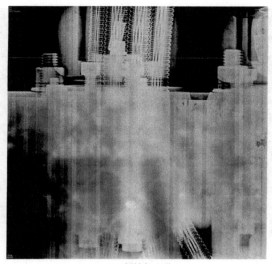

(c) 射线机上移

图 7-49　TV 的 X 射线成像效果图

（6）避雷器

避雷器罐体直径 60cm，X 射线机及成像板现场布置情况如图 7-50 所示，针对图 7-50 所示位置并将 X 射线机不断移动，基于 X 射线的电力设备数字成像透视检测系统利用表 7-21 所示参数进行 X 射线透照，其 X 射线成像效果图如图 7-51 所示。

图 7-50　检测避雷器的 X 射线机及成像板现场布置情况

▫ **表 7-21　基于 X 射线的电力设备数字成像透视检测系统对避雷器进行可视化成像的参数设置**

序号	焦距/mm	电压/kV	电流/mA	曝光时间/s	采集次数
1	1420	260	3	2	4
2	1420	300	3	2	4
3	1420	270	3	2	4
4	1420	300	3	2	4

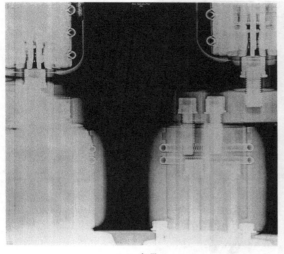 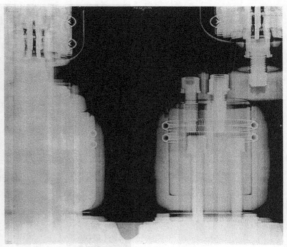

(a) 序号 1　　　　　　　　　　　　　　　(b) 序号 2（射线机下移）

 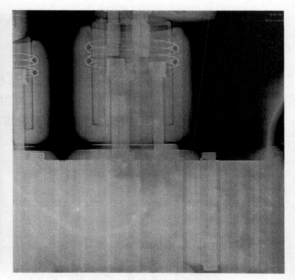

(c) 序号 3（射线机上且右移）　　　　　　　(d) 序号 4（射线机下移）

图 7-51　避雷器部位的 X 射线成像效果图

从图 7-51 中可以清楚地看出避雷器内部情况，从而说明了基于 X 射线的电力设备数字成像透视检测系统对 110kV GIS 避雷器内部情况进行可视化检测的可行性。

7.5　六库中心变 110kV GIS 设备的可视化检测

利用基于 X 射线的电力设备数字成像透视检测系统对六库中心变 110kV GIS 设备可视化检测，六库中心变电站 110kV 古六老线 GIS 母线存在疑似悬浮缺陷局部放电情况，针对此情况，项目在其对母线消缺时期，利用基于 X 射线的电力设备数字成像透视检测系统疑似缺陷位置（110kV 古六老线 152 断路器母线侧 1521 隔离开关下方）进行可视化检测，同时对该 GIS 其他未出现异常现象的位置也进行 X 射线可视化检测，以作为比对。现场情况、怀疑（重点）检测及对比检测位置分别如图 7-52 所示。

(a) 现场情况

(b) 重点检测位置

(c) 对比检测位置

图 7-52　六库中心变电站现场情况及检测位置

(1) 怀疑部位：GIS 母线筒 A 相

盆式绝缘子下方与 GIS 母线筒 A 相之间，X 射线机及成像板现场布置情况如图 7-53 所示，基于 X 射线的电力设备数字成像透视检测系统利用表 7-22 所示参数进行 X 射线透照，其 X 射线成像效果图如图 7-54 所示。

⊡ **表 7-22**　**基于 X 射线的电力设备数字成像透视检测系统对检测部位进行可视化成像的参数设置**

焦距/mm	电压/kV	电流/mA	曝光时间/s	采集次数
2015	300	2.8	2	4

从图 7-54 中可以清楚地看出，盆式绝缘子下方与 GIS 母线筒 A 相之间的连接杆存在倾斜，利用基于 X 射线的电力设备数字成像透视检测系统软件进行距离测量后发现 A 相连接

图 7-53 检测盆式绝缘子下方与 GIS 母线筒 A 相区域的 X 射线机及成像板现场布置情况

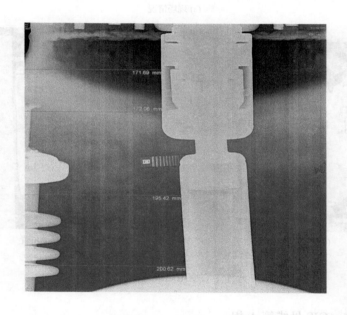

图 7-54 盆式绝缘子下方与 GIS 母线筒 A 相区域的 X 射线成像效果图

导杆向右侧歪斜约 5mm。图 7-55 为开罐后的现场情况图。

从图 7-54 和图 7-55 中可以看出，盆式绝缘子下方与 GIS 母线筒 A 相之间的连接杆确实存在倾斜与开罐后情况一致，且开罐后验证该出线导杆触座内有明显放电痕迹。

（2）怀疑部位：GIS 母线筒 B 相

盆式绝缘子下方与 GIS 母线筒 B 相之间，X 射线机射线源窗口距地 101cm，成像板在其对侧对应位置放置，X 射线机及成像板现场布置情况如图 7-56 所示，基于 X 射线的电力设备数字成像透视检测系统利用表 7-23 所示参数进行 X 射线透照，其 X 射线成像效果图如图 7-57 所示。

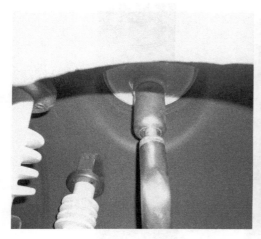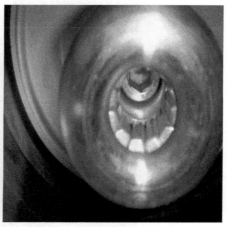

图 7-55　开罐后现场情况图

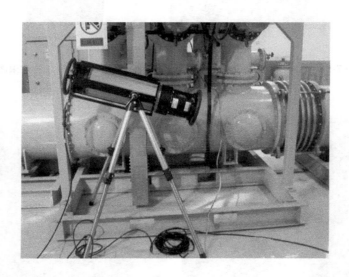

图 7-56　检测盆式绝缘子下方与 GIS 母线筒 B 相区域的 X 射线机及成像板现场布置情况

⊡ 表 7-23　基于 X 射线的电力设备数字成像透视检测系统对检测部位进行可视化成像的参数设置

焦距/mm	电压/kV	电流/mA	曝光时间/s	采集次数
1650	280	3	2	4

　　从图 7-57 中可以清楚地看出，盆式绝缘子下方与 GIS 母线筒 B 相之间的连接杆也存在倾斜，图 7-58 为开罐后的现场情况图。

　　从图 7-57 和图 7-58 中可以看出，盆式绝缘子下方与 GIS 母线筒 B 相之间的连接杆确实存在倾斜与开罐后情况一致，且开罐后在现场检视中，未发现该处出线导杆触头有明显放电痕迹。

图 7-57 盆式绝缘子下方与 GIS 母线筒 B 相区域的 X 射线成像效果图

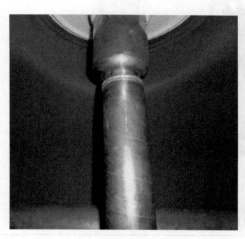

图 7-58 开罐后现场情况图

(3) 怀疑部位: GIS 母线筒 C 相

盆式绝缘子下方与 GIS 母线筒 C 相之间,X 射线机射线源窗口距地 87cm,成像板在其对侧对应位置放置,X 射线机及成像板现场布置情况如图 7-59 所示,基于 X 射线的电力设备数字成像透视检测系统利用表 7-24 所示参数进行 X 射线透照,其 X 射线成像效果图如图 7-60 所示。

图 7-59　检测盆式绝缘子下方与 GIS 母线筒 C 相区域的 X 射线机及成像板现场布置情况

⊡ **表 7-24**　**基于 X 射线的电力设备数字成像透视检测系统对检测部位进行可视化成像的参数设置**

焦距/mm	电压/kV	电流/mA	曝光时间/s	采集次数
1040	280	3	2	4

图 7-60　盆式绝缘子下方与 GIS 母线筒 C 相区域的 X 射线成像效果图

从图 7-60 中可以清楚地看出，盆式绝缘子下方与 GIS 母线筒 C 相之间的连接杆未发生倾斜。

（4）怀疑部位：A 相和 C 相支撑绝缘子

针对 A 相导电杆与接地开关和隔离开关连接导电杆存在倾斜的问题，选择 A 相支撑绝缘子部位进行照射，X 射线机与成像板位置如图 7-61 所示。

图 7-61　检测 A 相和 C 相支撑绝缘子的 X 射线机及成像板现场布置情况

针对如图 7-61 所示部位，基于 X 射线的电力设备数字成像透视检测系统利用表 7-25 所示参数进行 X 射线透照，其 X 射线成像效果图如图 7-62 所示。

▫ **表 7-25　基于 X 射线的电力设备数字成像透视检测系统对 A 相和 C 相支撑绝缘子进行可视化成像的参数设置**

焦距/mm	电压/kV	电流/mA	曝光时间/s	采集次数
1240	280	3	2	4

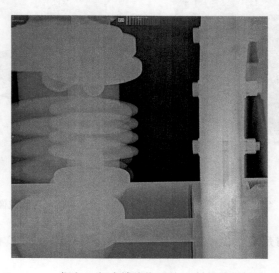

图 7-62　A 相和 C 相支撑绝缘子的 X 射线成像效果图

为了观察法兰盘左侧支撑绝缘子情况，将 X 射线机、成像板左移和成像系统下移，减小焦距，X 射线机与成像板位置分别如图 7-63 所示，其成像效果图如图 7-64 所示。

图 7-63 检测法兰盘左侧支撑绝缘子的 X 射线机及成像板现场布置情况

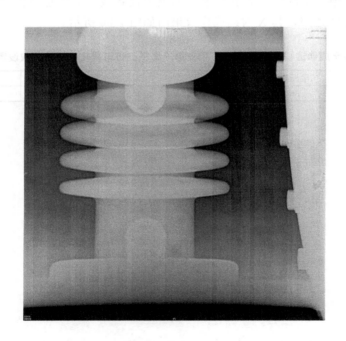

图 7-64 法兰盘左侧支撑绝缘子的 X 射线成像效果图

从图 7-62 和图 7-64 中可以清楚地看出，法兰盘右侧 A、C 相及左侧的三相支撑绝缘子都没有问题。

（5）怀疑部位：B 相支撑绝缘子

针对 B 相导电杆与接地开关和隔离开关连接导电杆存在倾斜的问题，选择 B 相支撑绝缘子部位进行照射，侧卧 X 射线机射线源窗口距地 41cm，距 15217 接地开关下方左侧 GIS 母线筒法兰盘缝隙 19cm 处，成像板在其对侧进行布置，X 射线机与成像板位置如图 7-65 所示。

图 7-65　检测 B 相支撑绝缘子的 X 射线机及成像板现场布置情况

　　针对 B 相支撑绝缘子位置，基于 X 射线的电力设备数字成像透视检测系统利用表 7-26 所示参数进行 X 射线透照，其 X 射线成像效果图如图 7-66 所示。

表 7-26　X 射线数字成像透视检测系统对 B 相支撑绝缘子进行可视化成像的参数设置

焦距/mm	电压/kV	电流/mA	曝光时间/s	采集次数
1200	300	2.8	2	4

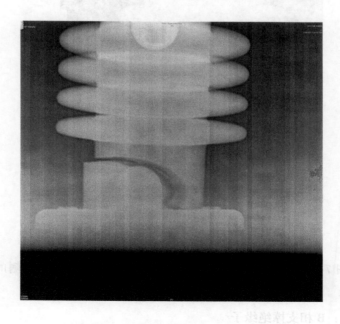

图 7-66　B 相支撑绝缘子的 X 射线成像效果图

从图 7-66 中可以清楚地看出，母线 B 相支撑绝缘子发生断裂。图 7-67 为开罐后的现场情况图。

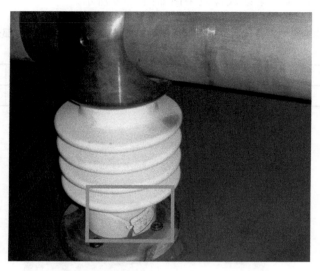

图 7-67 开罐后现场情况图

从图 7-66 和图 7-67 中可以看出，B 相支撑绝缘子发生断裂情况与开罐后一致，且从开罐后判定此次其断裂根本原因是由于其盆式绝缘子下方与 GIS 母线筒 B 相之间连接杆倾斜造成的。连接杆倾斜是由于安装过程中安装质量存在问题而产生的。由于盆式绝缘子下方与 GIS 母线筒 A 相之间连接杆也存在倾斜，为避免其支撑绝缘子以后也发生此次 B 相支撑绝缘子断裂缺陷的发生，在开罐后，将倾斜进行了纠正。

(6) 怀疑部位：15217 接地开关下方 C 相区域

针对 15217 接地开关下方 C 相区域 GIS 母线筒底部，侧卧 X 射线机射线源窗口距地 37cm，成像板在其对侧对应位置放置，其现场布置如图 7-68 所示。

图 7-68 X 射线机和成像板现场布置情况

针对图 7-68 所示位置，基于 X 射线的电力设备数字成像透视检测系统利用表 7-27 所示参数进行 X 射线透照，其 X 射线成像效果图如图 7-69 所示。

表 7-27 基于 X 射线的电力设备数字成像透视检测系统对 15217 接地开关下方部位进行可视化成像的参数设置

焦距/mm	电压/kV	电流/mA	曝光时间/s	采集次数
1080	280	3	2	4

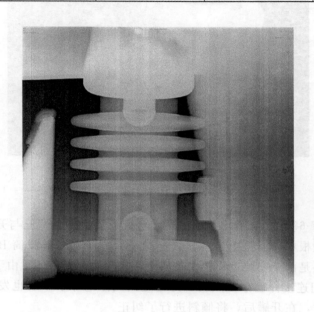

图 7-69　15217 接地开关下方部位的 X 射线成像效果图

将 X 射线数字成像透视检测系统向右侧移动，对其伸缩节部位进行可视化，现场情况如图 7-70 所示，系统利用表 7-28 所示参数进行 X 射线透照，其 X 射线成像效果图如图 7-71 所示。

图 7-70　检测伸缩节部位的 X 射线机和成像板现场布置情况

⊡ 表 7-28　X射线电力设备数字成像透视检测系统对伸缩节部位进行可视化成像的参数设置

焦距/mm	电压/kV	电流/mA	曝光时间/s	采集次数
1080	280	3	2	4

图 7-71　伸缩节部位的 X 射线成像效果图

从图 7-69 和图 7-71 中可以清楚地看出其内部没有明显的缺陷。

（7）对比部位：19010 接地开关下方 A 相区域

针对 19010 接地开关下方 A 相盆式绝缘子与 GIS 母线筒之间，X 射线机射线源窗口距地 90cm，距 19010 接地开关下方左侧 GIS 母线筒法兰盘缝隙 22cm 处，成像板在其对侧对应位置放置，X 射线机与成像板位置如图 7-72 所示。

图 7-72　检测 19010 接地开关下方 A 相区域的 X 射线机和成像板现场布置情况

针对 19010 接地开关下方 A 相区域，基于 X 射线的电力设备数字成像透视检测系统利用表 7-29 所示参数进行 X 射线透照，其 X 射线成像效果图如图 7-73 所示。

☐ 表 7-29 X 射线数字成像透视检测系统对 19010 接地开关下方 A 相区域可视化成像的参数设置

焦距/mm	电压/kV	电流/mA	曝光时间/s	采集次数
1230	280	3	2	4

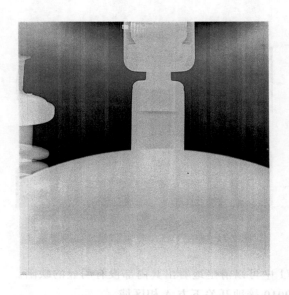

图 7-73 19010 接地开关下方 A 相区域的 X 射线成像效果图

从图 7-73 中可以清楚地看出该处连接杆未发生倾斜。

(8) 对比部位：GIS 母线筒底部

针对 19010 接地开关下方 A 相区域 GIS 母线筒底部，侧卧 X 射线机射线源窗口距地 40cm，成像板在其对侧对应位置放置，X 射线机与成像板位置如图 7-74 所示。

图 7-74 检测 19010 接地开关下方 A 相底部的 X 射线机和成像板现场布置情况

针对 19010 接地开关下方 A 相区域底部，基于 X 射线的电力设备数字成像透视检测系统利用表 7-30 所示参数进行 X 射线透照，其 X 射线成像效果图如图 7-75 所示。

⊡ **表 7-30　X 射线数字成像透视检测系统对 19010 接地开关下方 A 相区域底部可视化成像的参数设置**

焦距/mm	电压/kV	电流/mA	曝光时间/s	采集次数
1030	280	3	2	4

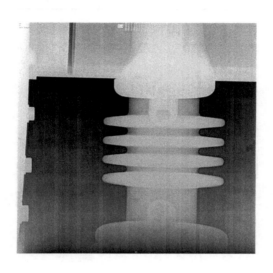

图 7-75　19010 接地开关下方 A 相区域底部的 X 射线成像效果图

从图 7-75 中可以清楚地看出该底部没有明显缺陷。

（9）比对部位：19010 接地开关下方 B 相区域

针对 19010 接地开关下方 B 相盆式绝缘子与 GIS 母线筒之间，X 射线机射线源窗口距地 90cm，X 射线机与成像板位置如图 7-76 所示。

图 7-76　检测 19010 接地开关下方 B 相区域的 X 射线机和成像板现场布置情况

针对 19010 接地开关下方 B 相区域，基于 X 射线的电力设备数字成像透视检测系统利用表 7-31 所示参数进行 X 射线透照，其 X 射线成像效果图如图 7-77 所示。

▣ **表 7-31　基于 X 射线的电力设备数字成像透视检测系统对 19010 接地开关下方 B 相区域可视化成像的参数设置**

焦距/mm	电压/kV	电流/mA	曝光时间/s	采集次数
1080	280	3	2	4

图 7-77　19010 接地开关下方 B 相区域的 X 射线成像效果图

从图 7-77 中可以清楚地看出该处连接杆未发生倾斜。

(10) 对比部位：GIS 母线筒底部

针对 19010 接地开关下方 B 相区域 GIS 母线筒底部，侧卧 X 射线机射线源窗口距地 38cm，成像板在其对侧对应位置放置，X 射线机与成像板位置如图 7-78 所示。

图 7-78　检测 19010 接地开关下方 B 相区域底部的 X 射线机和成像板现场布置情况

针对 19010 接地开关下方 B 相区域底部，基于 X 射线的电力设备数字成像透视检测系统利用表 7-32 所示参数进行 X 射线透照，其 X 射线成像效果图如图 7-79 所示。

表 7-32　X 射线数字成像透视检测系统对 19010 接地开关下方 B 相区域底部可视化成像的参数设置

焦距/mm	电压/kV	电流/mA	曝光时间/s	采集次数
1020	280	3	2	4

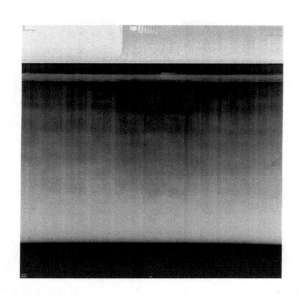

图 7-79　检测 19010 接地开关下方 B 相区域底部的 X 射线成像效果图

从图 7-79 中可以清楚地看出该底部没有明显缺陷。

(11) 比对部位：19010 接地开关下方 C 相区域

针对 19010 接地开关下方 C 相盆式绝缘子与 GIS 母线筒之间，X 射线机射线源窗口距地 90cm，X 射线机与成像板位置如图 7-80 所示。

图 7-80　检测 19010 接地开关下方 C 相区域的 X 射线机和成像板现场布置情况

针对 19010 接地开关下方 C 相区域，基于 X 射线的电力设备数字成像透视检测系统利用表 7-33 所示参数进行 X 射线透照，其 X 射线成像效果图如图 7-81 所示。

▣ 表 7-33　X 射线数字成像透视检测系统对 19010 接地开关下方 C 相区域可视化成像的参数设置

焦距/mm	电压/kV	电流/mA	曝光时间/s	采集次数
1080	280	3	2	4

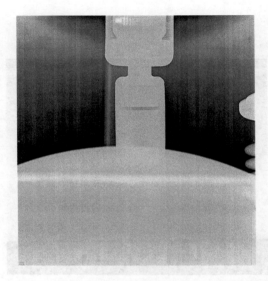

图 7-81　19010 接地开关下方 C 相区域的 X 射线成像效果图

从图 7-81 中可以清楚地看出该处连接杆未发生倾斜。

（12）对比部位：GIS 母线筒底部

针对 19010 接地开关下方 C 相区域 GIS 母线筒底部，侧卧 X 射线机射线源窗口距地 35cm，成像板在其对侧对应位置放置，X 射线机与成像板位置如图 7-82 所示。

图 7-82　检测 19010 接地开关下方 C 相区域底部的 X 射线机和成像板现场布置情况

针对 19010 接地开关下方 C 相区域底部，基于 X 射线的电力设备数字成像透视检测系统利用表 7-34 所示参数进行 X 射线透照，其 X 射线成像效果图如图 7-83 所示。

⊡ 表 7-34　X 射线数字成像透视检测系统对 19010 接地开关下方 C 相区域底部可视化成像的参数设置

焦距/mm	电压/kV	电流/mA	曝光时间/s	采集次数
1080	280	3	2	4

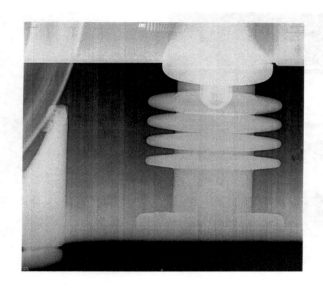

图 7-83　19010 接地开关下方 C 相区域底部的 X 射线成像效果图

从图 7-83 中可以清楚地看出该底部没有明显缺陷。

7.6　金钟变 220kV GIS 设备的可视化检测

利用基于 X 射线的电力设备数字成像透视检测系统对金钟变 220kV GIS 设备进行可视化检测。金钟变是即将投运的 220kV 变电站，其 GIS 设备所在现场情况如图 7-84 所示。

图 7-84　金钟变电站现场情况

（1）母线

220kV GIS I♯母线其罐体直径是 80cm，距地高度为 200cm，X 射线机与成像板位置分别如图 7-85 和图 7-86 所示，基于 X 射线的电力设备数字成像透视检测系统利用表 7-35 所示

图 7-85　X 射线机和成像板现场布置情况（位置 1）

图 7-86　X 射线机和成像板现场布置情况（位置 2）

参数进行 X 射线透照，其 X 射线成像效果图如图 7-87 所示。

▫ 表 7-35　基于 X 射线的电力设备数字成像透视检测系统对母线部位可视化成像的参数设置

序号	焦距/mm	电压/kV	电流/mA	曝光时间/s	采集次数
1	1100	250	2	2	4
2	1200	200	3	2	4

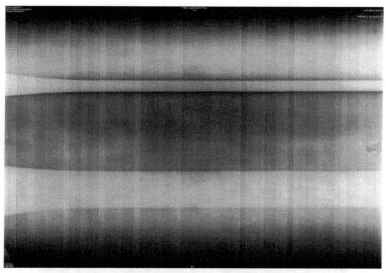

(a) 母线位置1的X射线成像效果图

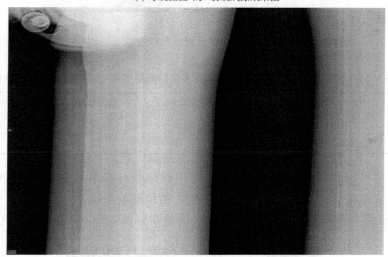

(b) 母线位置2的X射线成像效果图

图 7-87　母线部位的 X 射线成像效果图

从图 7-87 中可以清楚出母线筒中的三相导体，且位于效果图左侧的是两相重叠的母线，图中弯曲部分为导体连接部位或支撑部位，图 7-87 说明了基于 X 射线的电力设备数字成像透视检测系统对 220kV GIS 设备母线筒部位进行可视化检测的可行性。

(2) 断路器

断路器罐体直径为 80cm，距地高度为 100cm，但由于三相断路器之间以及断路器底部与地间距极小，以至于只能采取成像板位于外侧断路器底部，X 射线机位于外侧断路器顶部的检测位置，现场布置情况如图 7-88 所示。

针对断路器部位，基于 X 射线的电力设备数字成像透视检测系统利用表 7-36 所示参数进行 X 射线透照，其 X 射线成像效果图如图 7-89 所示。

图 7-88　检测断路器部位的 X 射线机和成像板现场布置情况

表 7-36　基于 X 射线的电力设备数字成像透视检测系统对断路器部位可视化成像的参数设置

序号	焦距/mm	电压/kV	电流/mA	曝光时间/s	采集次数
1	900	200	3	2	4
2	900	180	3	2	4

从图 7-89 中可以清晰地看到屏蔽罩，但是中间部分看得不是很清晰；220kV GIS 断路器采用 200kV 管电压、3mA 管电流即可取得满意的检测效果图，从而说明了基于 X 射线的电力设备数字成像透视检测系统对 220kV GIS 设备断路器进行可视化检测的可行性。

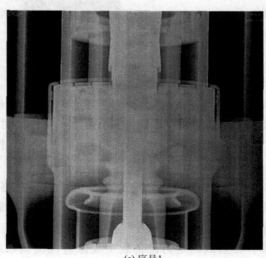

(a) 序号1

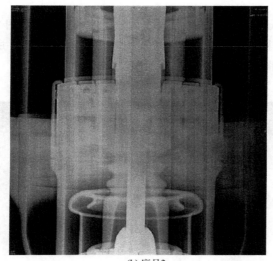

(b) 序号2

图 7-89　断路器部位的 X 射线成像效果图

（3）TA

TA 罐体直径 80cm，长度为 100cm，现场布置情况如图 7-90 所示，针对此部位，基于 X 射线的电力设备数字成像透视检测系统利用表 7-37 所示参数进行 X 射线透照，其 X 射线成像效果图如图 7-91 所示。

表 7-37　基于 X 射线的电力设备数字成像透视检测系统对 TA 部位可视化成像的参数设置

焦距/mm	电压/kV	电流/mA	曝光时间/s	采集次数
1100	300	3	2	4

图 7-90　现场布置情况

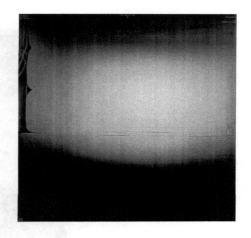

图 7-91　TA 部位 X 射线成像效果图

从图 7-91 无法看到 TA 内部情况，因为其内部为实心铁芯，现有的 X 射线机能量无法对透照 10kV 以上 TA 内部。

（4）TV

TV 罐体直径为 100cm，距地高度为 160cm，现场布置情况如图 7-92 所示，针对此部位并下移，基于 X 射线的电力设备数字成像透视检测系统利用表 7-38 所示参数进行 X 射线透照，其 X 射线成像效果图如图 7-93 所示。

图 7-92　TV 部位基于 X 射线的电力设备数字成像透视检测系统现场布置情况

⊡ **表 7-38　基于 X 射线的电力设备数字成像透视检测系统对 TV 部位可视化成像的参数设置**

序号	焦距/mm	电压/kV	电流/mA	曝光时间/s	采集次数
1	2000	190	3	2	4
2	2000	210	3	2	4

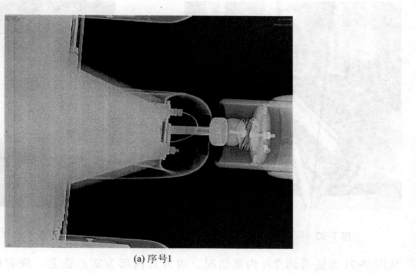

(a) 序号1

(b) 序号2

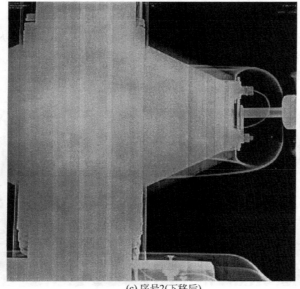

(c) 序号2(下移后)

图 7-93　TV 部位 X 射线成像效果图

从图 7-93 中可以清楚地看到 220kV GIS 设备 TV 内部情况，从而说明了基于 X 射线的电力设备数字成像透视检测系统对 220kV GIS 设备电压互感器进行可视化检测的可行性。

7.7　功果桥 500kV GIS 设备的可视化检测

利用基于 X 射线的电力设备数字成像透视检测系统对功果桥 500kV GIS 设备进行可视化检测，功果桥水电站是即将投产的 500kV GIS 站，其现场情况如图 7-94 所示。

图 7-94　功果桥水电站现场情况

(1) 断路器

A 相的断路器罐体直径是 120cm，由于断路器为对称结构，因而从断路器 A 相的梅花触头与导杆连接处开始不断向左移动，直至断路器中心和底部进行 X 射线透照检测，X 射线机与成像板位置如图 7-95 所示。

图 7-95　检测断路器的 X 射线机与成像板现场布置情况

针对断路器部位，基于 X 射线的电力设备数字成像透视检测系统利用表 7-39 所示参数进行 X 射线透照，其 X 射线成像效果图如图 7-96 所示。

⊡ **表 7-39　基于 X 射线的电力设备数字成像透视检测系统对断路器部位可视化成像的参数设置**

序号	焦距/mm	电压/kV	电流/mA	曝光时间/s	采集次数
1	1400	150	3	2	4
2	1400	250	3	2	4
3	1400	220	3	2	4
4	1400	300	3	2	4
5	1400	300	3	2	4

序号	焦距/mm	电压/kV	电流/mA	曝光时间/s	采集次数
6	1520	250	3	2	4
7	1350	100	3	2	4

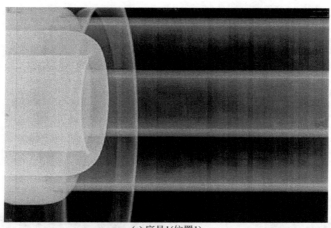

(a) 序号1(位置1)

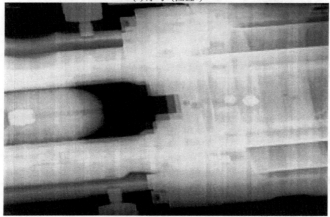

(b) 序号2(位置2)

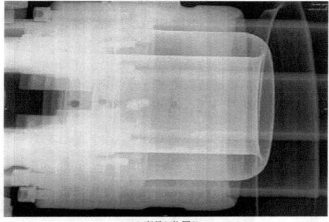

(c) 序号3(位置3)

图 7-96

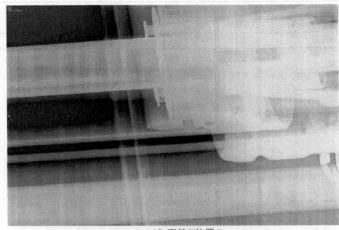

(d) 序号4(位置4)

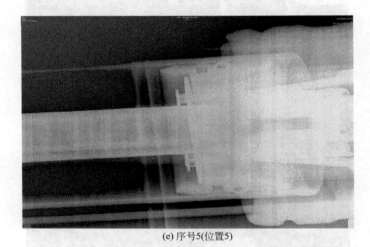

(e) 序号5(位置5)

(f) 序号6(位置6)

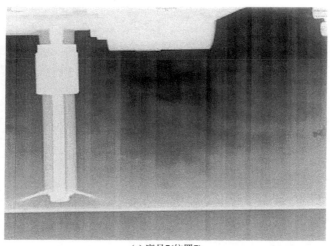

(g) 序号7(位置7)

图 7-96　断路器部位的 X 射线成像效果图

从图 7-96 中可以清楚地看到 500kV GIS 设备断路器内部情况，从而说明了基于 X 射线的电力设备数字成像透视检测系统对 500kV GIS 设备断路器进行可视化检测的可行性。

(2) 盆式绝缘子

500kV GIS 盆式绝缘子现场情况如图 7-97 所示，针对此部位，基于 X 射线的电力设备数字成像透视检测系统利用表 7-40 所示参数进行 X 射线透照，其 X 射线成像效果图如图 7-98 所示。

▣ **表 7-40　基于 X 射线的电力设备数字成像透视检测系统对盆式绝缘子部位可视化成像的参数设置**

序号	焦距/mm	电压/kV	电流/mA	曝光时间/s	采集次数
1	1000	300	3	2	4
2	1000	180	3	2	4

图 7-97　检测盆式绝缘子部位的 X 射线机与成像板现场布置情况

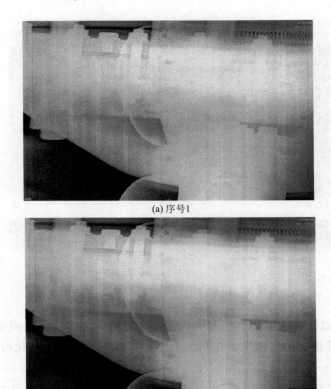

(a) 序号1

(b) 序号2

图 7-98   盆式绝缘子部位的 X 射线成像效果图

从图 7-98 中可以看到 500kV GIS 设备盆式绝缘子内部情况，从而说明了基于 X 射线的电力设备数字成像透视检测系统对 500kV GIS 设备盆式绝缘子进行可视化检测的可行性。

（3）隔离开关

对主变出线隔离开关进行检测，基于 X 射线的电力设备数字成像透视检测系统现场布置情况如图 7-99 所示，上下移动成像系统，利用如表 7-41 所示参数，获得如图 7-100 所示的 X 射线成像效果图。

图 7-99   检测隔离开关的 X 射线机与成像板现场布置情况

⊡ 表 7-41 基于 X 射线的电力设备数字成像透视检测系统对隔离开关部位可视化成像的参数设置

序号	焦距/mm	电压/kV	电流/mA	曝光时间/s	采集次数
1	900	150	3	2	4
2	900	150	1	2	4
3	900	150	2	2	4

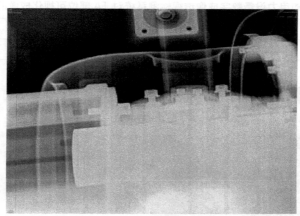

(a) 序号1(位置1)

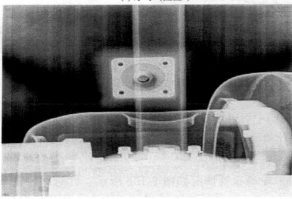

(b) 序号2(位置2)

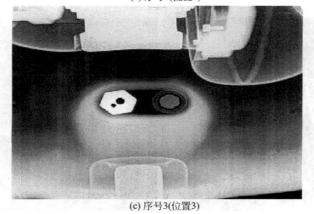

(c) 序号3(位置3)

图 7-100 隔离开关部位的 X 射线成像效果图

从图 7-100 的可视化检测效果图中可以看出，基于 X 射线的电力设备数字成像透视检测系统可以实现对 500kV GIS 设备隔离开关的可视化检测。

（4）主变高压侧 TA

对主变高压侧 TA 进行检测，针对此位置基于 X 射线的电力设备数字成像透视检测利用表 7-42 所示参数进行可视化成像，现场布置情况及其效果图如图 7-101 所示。

☐ 表 7-42　基于 X 射线的电力设备数字成像透视检测系统对 TA 部位可视化成像的参数设置

焦距/mm	电压/kV	电流/mA	曝光时间/s	采集次数
1000	200	2	2	4

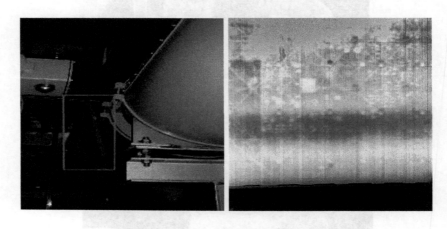

图 7-101　检测 TA 部位的 X 射线机与成像板现场布置情况和 X 射线成像效果图

从图 7-101 检测效果图中可以看出，基于 X 射线的电力设备数字成像透视检测系统无法对 500kV GISCT 进行可视化检测，再一次验证 10kV TA 无法利用 DR 成像技术进行可视化检测。

（5）母线段

对母线段进行检测，现场布置情况如图 7-102 所示，针对此位置基于 X 射线的电力设备数字成像透视检测利用表 7-43 所示参数进行可视化成像，其效果图如图 7-103 所示。

图 7-102　检测母线段部位的 X 射线机与成像板现场布置情况

⊡ 表 7-43　基于 X 射线的电力设备数字成像透视检测系统对母线段可视化成像的参数设置

序号	焦距/mm	电压/kV	电流/mA	曝光时间/s	采集次数
1	1000	100	2	2	4
2	1000	120	2	2	4

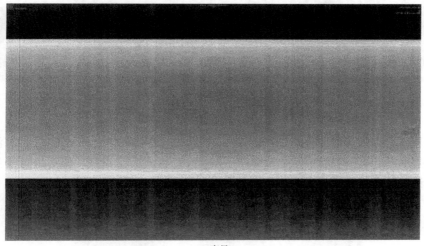

(a) 序号1

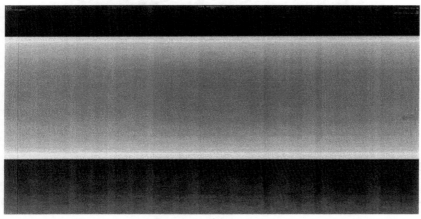

(b) 序号2

图 7-103　母线段部位 X 射线成像效果图

从图 7-103 中可以清楚地看到 GIS 母线段内部情况，从而说明了基于 X 射线的电力设备数字成像透视检测系统可以实现对 500kV GIS 设备母线筒的可视化检测。

7.8　220kV 罐式断路器设备的可视化检测

针对 500kV 玉溪变 220kV 2571 罐式断路器事故，利用基于 X 射线的电力设备数字成像透视检测系统进行可视化检测，其现场情况如图 7-104 所示。

图 7-104   200kV 2571 罐式断路器现场情况

　　通过现场考察因故障导致停运的 200kV 2571 罐式断路器罐体直径是 68cm，水泥台到罐体底部的距离是 90cm，现场检测从图 7-105 所示位置开始，从左到右，依次进行透照，基于 X 射线的电力设备数字成像透视检测系统所用参数如表 7-44 所示，其成像效果如图 7-106 所示。

图 7-105   罐式断路器基于 X 射线的电力设备数字成像透视检测系统现场布置情况

⊡ 表 7-44   基于 X 射线电力设备数字成像透视检测系统对罐式断路器进行可视化成像的参数设置（1）

序号	电压/kV	电流/mA	焦距/mm	曝光时间/s	采集次数
1	260	2.0	900	2	4
2	270	1.0	900	1.5	5
3	300	1.5	900	2	4
4	280	2.0	900	2	4
5	240	1.0	920	2	4
6	240	1.0	900	2	4
7	280	1.0	900	2	4
8	280	1.0	900	2	4
9	280	1.0	900	2	4
10	220	1.0	900	2	4
11	220	1.0	900	2	4
12	260	1.0	900	2	4
13	280	1.0	900	2	4

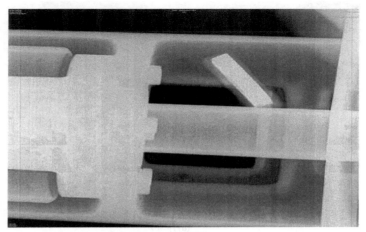

(a) 序号1

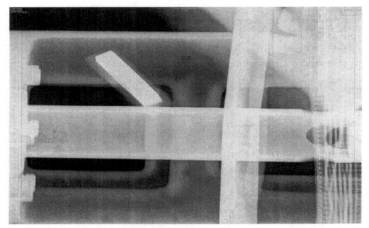

(b) 序号2

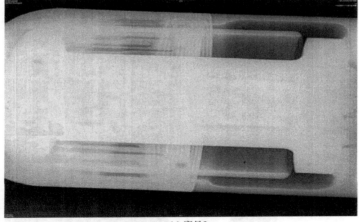

(c) 序号3

图 7-106

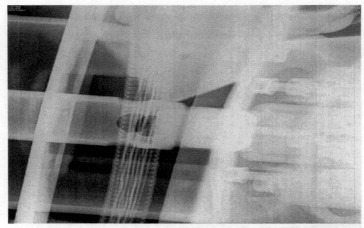

(d) 序号4

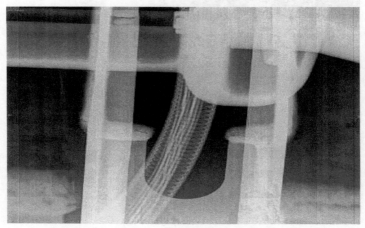

(e) 序号5

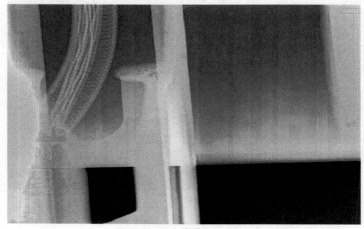

(f) 序号6

(g) 序号7

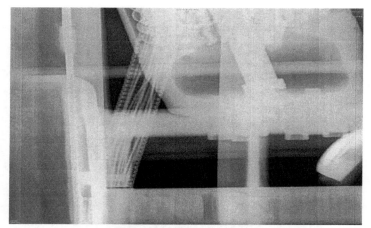

(h) 序号8

(i) 序号9

图 7-106

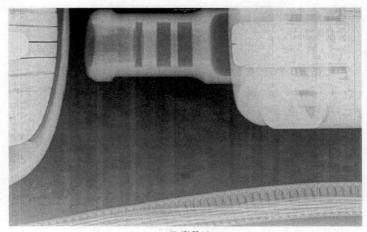

(j) 序号10

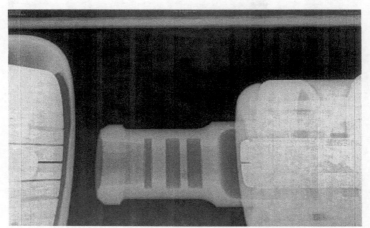

(k) 序号11

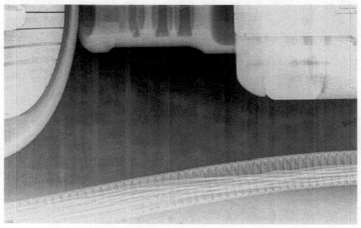

(l) 序号12

(m) 序号13

图 7-106　220kV 罐式断路器的 X 射线成像效果图（1）

针对前 13 个检测位置已经将断路器罐体利用 X 射线数字成像基于 X 射线的电力设备数字成像透视检测系统全部透照一遍，均没有发现设备内部存在问题。根据现场工作进度，将断路器罐体打开，发现断路器罐体底部存在黑色异物，放入电线进行比对，如图 7-107 所示。

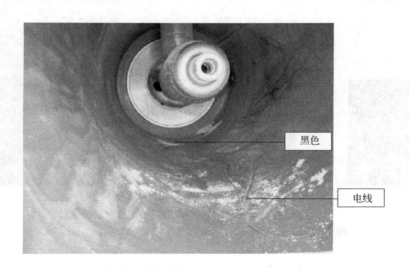

图 7-107　罐式断路器开罐后其内部情况

　　针对图 7-107 情况，基于 X 射线的电力设备数字成像透视检测系统利用表 7-45 所设参数进行可视化检测，其成像效果如图 7-108 所示。

⊡ **表 7-45　基于 X 射线的电力设备数字成像透视检测系统对罐式断路器进行可视化成像的参数设置（2）**

电压/kV	电流/mA	焦距/mm	曝光时间/s	采集次数
300	0.8	900	2	4

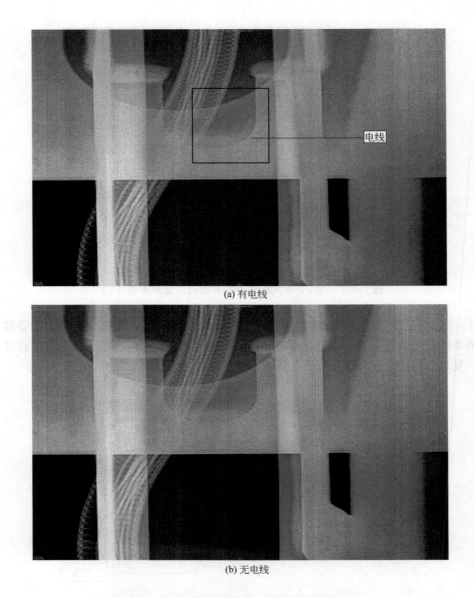

(a) 有电线

(b) 无电线

图 7-108 220kV 罐式断路器的 X 射线成像效果图（2）

从图 7-108 中可以看出，基于 X 射线的电力设备数字成像透视检测系统无法对本次罐式断路器内异物进行可视化检测，后经确认该黑色异物材料为绝缘拉杆发生闪络后掉落在罐体底部的绝缘纸，该材料在模拟试验中已得出结论无法对其进行可视化检测，因其密度与外壳密度相差较大，再次验证模拟试验的结论。

7.9 复合绝缘子的可视化检测

针对特高压基地红外测温存在热点、雷击及人为破坏的复合绝缘子，利用基于 X 射线的电力设备数字成像透视检测系统进行可视化检测，其现场情况如图 7-109 所示。

图 7-109　500kV 复合绝缘子现场情况

(1) 红外测温存在热点的交流复合绝缘子

针对型号为 FXBW4-500/300C 的交流复合绝缘子串 TSQ♯2 进行检测，该绝缘子串已在线运行 6 年，经红外检测其高压端附近 39cm 区域内温度超标 1.7℃，其情况如图 7-110 所示。

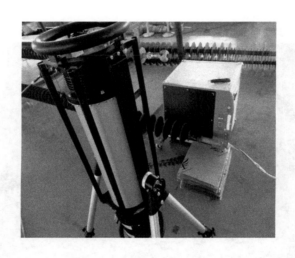

图 7-110　500kV 存在热点的交流复合绝缘子现场情况

针对如图 7-110 所示位置，基于 X 射线的电力设备数字成像透视检测系统利用如表 7-46 所设参数进行 X 射线透照，其成像效果如图 7-111 所示。

▣ 表 7-46　X 射线数字成像 DR 技术对存在热点的交流复合绝缘子进行可视化成像的参数设置

焦距/mm	电压/kV	电流/mA	曝光时间/s	采集次数
1100	80	3	1	4

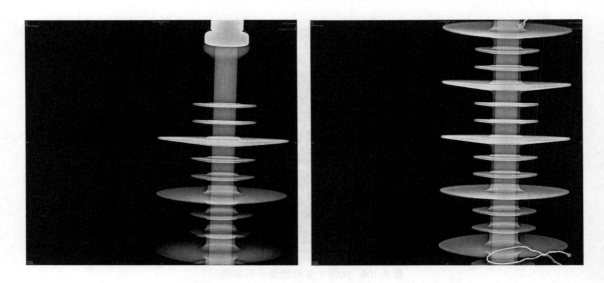

图 7-111　500kV 存在热点的交流复合绝缘子的 X 射线成像效果图

（2）红外测温存在热点的直流复合绝缘子

针对型号为 FXBZ-±500/300-6800 的直流复合绝缘子串 TSQ♯3 进行检测，该绝缘子串已在线运行 3 年，经红外检测其高压端附近 2.5m 处温度超标 2℃，其情况如图 7-112 所示。

图 7-112　500kV 存在热点的直流复合绝缘子现场情况

针对如图 7-112 所示位置，基于 X 射线的电力设备数字成像透视检测系统利用如表 7-46 所设参数进行 X 射线透照，其成像效果如图 7-113 所示。

(a) 全局

(b) 局部放大后

图 7-113　存在热点的直流复合绝缘子 X 射线成像效果图（1）

　　针对图 7-113 所怀疑位置对复合绝缘子进行检查后确定，此三处黑点为绝缘子内部问题。将绝缘子串往其右侧移动，保持其余参数不变，利用表 7-47 进行可视化检测，其成像效果如图 7-114 所示。

(a) 全局

图 7-114

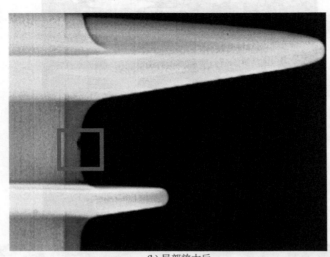

(b) 局部放大后

图 7-114 存在热点的直流复合绝缘子 X 射线成像效果图（2）

针对图 7-114 所怀疑位置对复合绝缘子进行检查后确定，此处是绝缘子护套上有一个凹陷的小坑。将绝缘子串继续往其右侧移动，保持其余参数不变，利用表 7-47 进行可视化检测，其成像效果如图 7-115 所示。

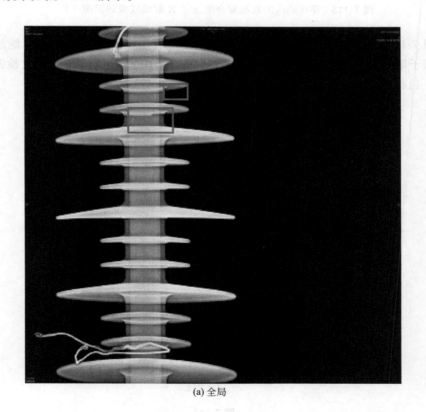

(a) 全局

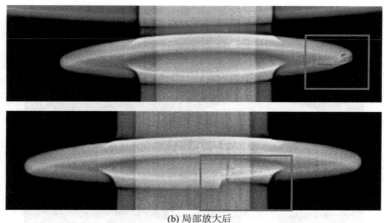

(b) 局部放大后

图 7-115　存在热点的直流复合绝缘子 X 射线成像效果图（3）

针对图 7-115 所怀疑位置对复合绝缘子进行检查后确定此缺陷为绝缘子外部磨损所致。

（3）遭受雷击的直流复合绝缘子

针对型号为 FXBZ-±500/160-5780 的直流复合绝缘子串 BS♯6 进行检测，该绝缘子串已在线运行 5 年，并遭受雷击，其现场情况如图 7-116 所示，针对此位置，基于 X 射线的电力设备数字成像透视检测系统利用表 7-47 所设参数进行透照，其 X 射线成像效果如图 7-117 所示。

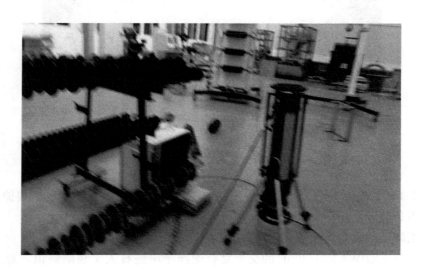

图 7-116　遭受雷击的直流用复合绝缘子 X 射线机和成像板现场布置情况

▣ **表 7-47　X 射线数字成像 DR 技术对遭受雷击的直流复合绝缘子进行可视化成像的参数设置**

焦距/mm	电压/kV	电流/mA	曝光时间/s	采集次数
1050	80	3	1	4

(a) 全局

(b) 局部放大后

图 7-117　遭受雷击的直流用复合绝缘子 X 射线成像效果图

　　针对图 7-117 所怀疑位置对复合绝缘子进行检查后确定疑似 BS♯6 高压端护套与芯棒之间有气泡，不是外部缺陷。

（4）人工缺陷的复合绝缘子

　　针对型号为 FXBW4-500/300E 的交流复合绝缘子串进行人工缺陷辨识，对绝缘子串设计了端部 15 个绝缘子剥离后重新套装。基于 X 射线的电力设备数字成像透视检测系统利用表 7-48 所设参数进行透照，其 X 射线成像效果如图 7-118 所示。

▱ 表 7-48　X 射线数字成像 DR 技术对人工缺陷的复合绝缘子进行可视化成像的参数设置

焦距/mm	电压/kV	电流/mA	曝光时间/s	采集次数
1100	80	3	1	4

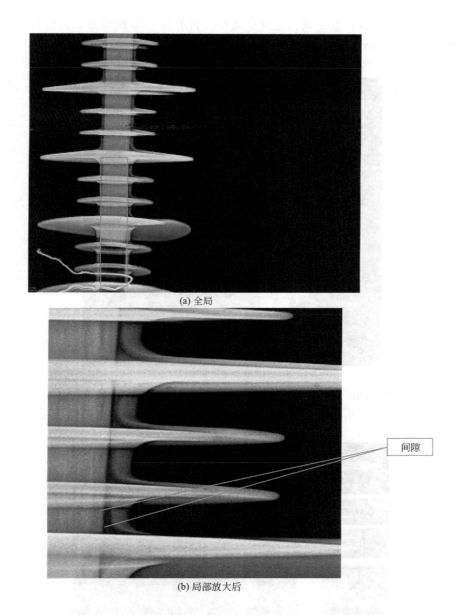

(a) 全局

(b) 局部放大后

图 7-118 存在人工间隙缺陷的复合绝缘子 X 射线成像效果图

从图 7-118 中可以清楚地看到芯棒与护套之间存在明显间隙，从而说明了基于 X 射线的电力设备数字成像透视检测系统对芯棒与护套之间是否存在间隙进行可视化检测的可行性。将绝缘子串往其右侧移动，利用表 7-48 所设参数进行透照，其 X 射线成像效果如图 7-119 所示。

从图 7-119 中可以清楚地看到人工缺陷的试验绝缘子串有接缝，从而说明了基于 X 射线的电力设备数字成像透视检测系统对绝缘子连接是否紧密进行可视化检测的可行性。

针对试验绝缘子串的芯棒上添加轻微烧蚀和轻微刻痕，以及在端部护套内侧刻划 V 字和一字形痕迹，轻微烧蚀距离芯棒端部 5cm，轻微刻痕距芯棒端部 17cm，以此作为检测位置，基于 X 射线的电力设备数字成像透视检测系统利用表 7-48 所设参数进行透照，其 X 射线成像效果如图 7-120 所示。

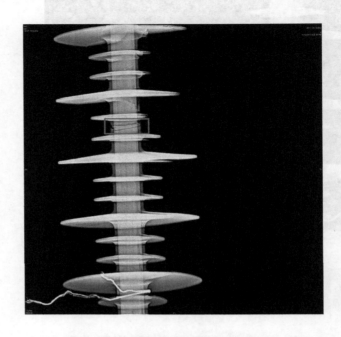

图 7-119 存在人工接缝缺陷的复合绝缘子的 X 射线成像效果图

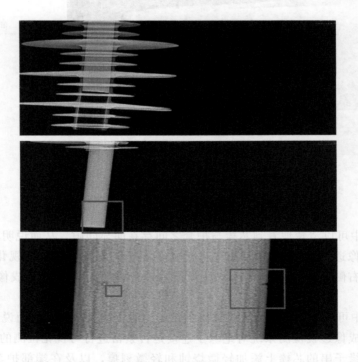

图 7-120 存在烧蚀与划痕的人工缺陷的复合绝缘子 X 射线成像效果图

从图 7-120 中可以清楚地看到在芯棒上的 V 字和一字形人工缺陷，但无法检测芯棒上的轻微烧蚀，这与模拟试验的结论也相符合，从而说明了基于 X 射线的电力设备数字成像透视检测系统对绝缘子划痕进行可视化检测的可行性。

7.10 射线数字成像透视检测系统带电测试

在超高压基地在 220kV GIS 试验段上设置高压导体尖刺和微粒混合缺陷，尖刺长度为 5mm，尖端对外壳内壁距离为 103mm；微粒大小为 1mm 直径。布置好缺陷后，GIS 腔体充 SF_6 至气压为 0.4MPa，然后利用基于 X 射线的电力设备数字成像透视检测系统进行可视化成像，缺陷及现场布置情况如图 7-121 所示。

图 7-121 GIS 设备内部缺陷及基于 X 射线的电力设备数字成像透视检测系统现场布置情况

　　图 7-121 中现场布置 X 射线机的发射源中心距地 58.5cm，距离 GIS 试验段左端 106cm。针对此位置，GIS 设备加压 50kV、100kV 和 100kV 并对加压控制台控制屏幕进行远程视频监视，其情况图如图 7-122 所示，基于 X 射线的电力设备数字成像透视检测系统利用表 7-49 所示参数进行可视化成像，其效果图如图 7-123 所示。

　表 7-49　X 射线电力设备数字成像透视检测系统对 GIS 缺陷辨识带电可视化成像的参数设置

焦距/mm	电压/kV	电流/mA	曝光时间/s	采集次数
1420	140	3	2	4

(a) 加压50kV

(b) 加压100kV

(c) 加压145kV

图 7-122　不同电压下现场监视情况

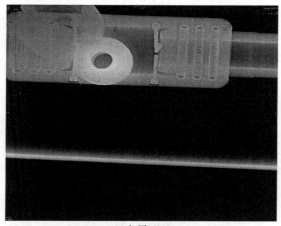

(a) 加压50kV

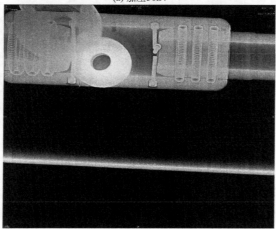

(b) 加压100kV

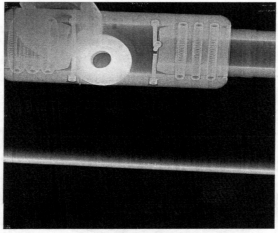

(c) 加压145kV

图 7-123 不同电压下 X 射线成像效果图

　　110kV 岔街变室内 GIS 设备隔离开关气室被局放检测仪确定为有疑部位，针对此部位利用基于 X 射线的电力设备数字成像透视检测系统进行可视化检测，GIS 疑似部位如图 7-124 所示。

　　图 7-124 中框图部分是通过局放检测仪检测出来的疑似部位。

图 7-124　GIS 设备隔离开关气室疑似部位情况

　　针对此部位将 X 射线机的发射源中心距地 65cm，距离 GIS 设备左端 108cm，且成像板布置在 X 射线机对侧位置，X 射线机与成像板位置如图 7-125 和图 7-126 所示并在基础上下移成像系统，针对此位置，基于 X 射线的电力设备数字成像透视检测系统利用如表 7-50 所示参数进行成像，其效果图如图 7-127 所示。

图 7-125　疑似部位射线机现场情况（1）

图 7-126　疑似部位成像板现场情况（2）

☑ 表 7-50　X 射线数字成像透视检测系统对疑似部位进行带电可视化成像的参数设置

序号	焦距/mm	电压/kV	电流/mA	曝光时间/s	采集次数
1	1060	200	3	2	4
2	1110	200	3	2	4

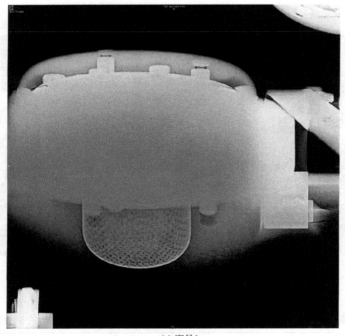

(a) 序号1

图 7-127

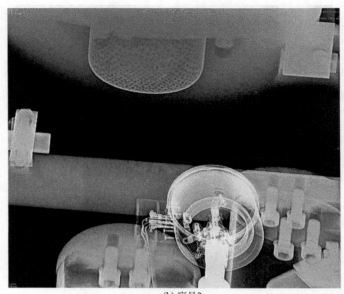

(b) 序号2

图 7-127　疑似部位的 X 射线成像效果（1）

　　X 射线机侧卧，保持成像板位置不变，X 射线机与成像板位置如图 7-128 所示，针对此位置，基于 X 射线的电力设备数字成像透视检测系统利用如表 7-51 所示参数进行成像，其效果图如图 7-129 所示。

图 7-128　疑似部位射线机及成像板现场情况（3）

▣ **表 7-51**　X 射线数字成像透视检测系统对疑似部位进行带电可视化成像的参数设置

焦距/mm	电压/kV	电流/mA	曝光时间/s	采集次数
900	220	3	2	4

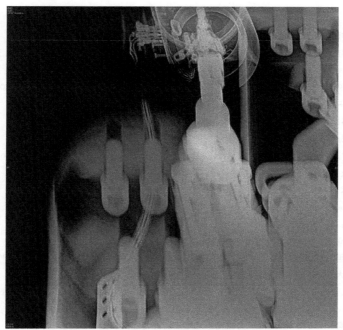

(a) 出现故障时检测

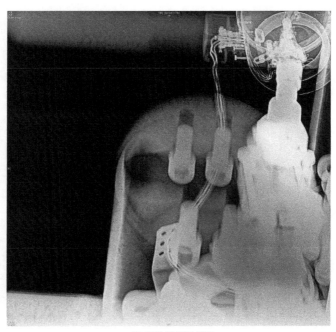

(b) 正常运行时检测

图 7-129　疑似部位的 X 射线成像效果（2）

参考文献

[1]　刘浩 . 高速轮轨接触状态可视化检测装置[D]. 广州：西南交通大学，2005.

[2]　刘荣海，唐法庆，郭新良 . 电力设备检测中脉冲射线成像技术的应用及其图像残留问题[J]. 无损检测，2017（11）：64-67.

[3]　李楠，赵东成，李虹波 . 电机转子系统早期故障可视化检测的差分振子法[J]. 电力自动化设备，2007，27（6）：74-77.

[4]　王铮 . 10kV 环网开关柜接地开关防误操作电磁锁的研究[D]. 天津：天津大学，2011.

[5]　徐国政 . 高压断路器原理和应用[M]. 北京：清华大学出版社，2000.

[6]　袁季修，盛和乐，吴聚业 . 保护用电流互感器应用指南[M]. 北京：中国电力出版社，2004.

[7]　Feng HUANG, Jian guo LU, Zhu bing ZHU . Performance Analysis of Seismic Shock Protection and Damping of GW7-252 Isolating Switch Based on ANSYS [J]. Science & Technology Review，2010.

[8]　闫斌，何喜梅，吴童生 . GIS 设备 X 射线可视化检测技术[J]. 中国电力（7）：49-52.

[9]　Timothy S. Newman, Anil K. Jain. A Survey of Automated Visual Inspection [J]. Computer Vision & Image Understanding，61（2）：231-262.

[10]　许建春，卢鹏 . 1100kV GIS 盆式绝缘子的性能[J]. 电力建设，2010，31（8）：91-93.

[11]　衣立东，孙强，尚勇 . 首台国产 750kV 罐式断路器故障分析[J]. 电网与清洁能源（3）：13-17.

[12]　胡涛，刘海峰，杜大全 . 550kV 罐式断路器局部放电在线检测[J]. 高压电器（4）：93-95.

[13]　Qun min YAN, Yong xiang MA, Hong tao WANG. Phenomenon Analysis for Frequent Pressuring of 800 kV Tank SF$_6$ Circuit Breaker s Operating Mechanism [J]. High Voltage Apparatus，2011.

[14]　印华，吴高林，王勇 . 重庆电网 500kV 交流复合绝缘子运行特性的试验研究[J]. 高压电器（9）：27-30.

[15]　钱政 . 有源电子式电流互感器中高压侧电路的供能方法[J]. 高压电器，2004，40（2）：135-138.

[16]　张弛 . 高压直流断路器及其关键技术[D]. 杭州：浙江大学，2014.